零 基 礎 ！ 超 省 力 ！ 一 次 成 功 ！

辣媽 *Shania* 的
麵包機聖經

**100 款精選麵包，生吐司、小布利、奶油手撕包，
美味健康無添加！**

辣媽 Shania ———— 著

作者序

　　轉眼間，成為食譜書作者已經第九年，這本書即將是我的第十本書，真的非常、非常不可思議！深深感謝讀者及粉絲們的支持，讓我可以在這九年的時間裡持續創作下去。

　　2014 年時成為作者，是我人生的轉捩點，也是我從金融業離開之後，最重要的里程碑。時光飛逝到現在的 2022 年，第十本書對我來說意義非凡，第一與第二本書都是麵包機專書，第三本之後開始有早餐，或是用麵包機揉麵糰，分享了其他許多不同變化的麵包食譜，也出了鬆餅機專書、陶鍋料理書。而這本書，想回歸初心，回到我最愛的麵包主題。

　　在這兩、三年沒有出版麵包書的期間，我忙著鬆餅機食譜、忙著學習料理、忙著籌劃自己的線上課程，完成自己的工作室。但也不忘我最愛的麵包，2019 年，花了更多的時間在 Youtube 上，將我所喜歡的麵包拍成影片跟大家分享。其中也包含我自己很愛的低糖低油系列，大家喜愛的台式麵包與吐司系列，還有大受歡迎的貓咪吐司模等。好多粉絲說，這些放在網路上的食譜，要看的時候實在不太方便，是否可以整理成書，我想應該是時候了。

　　這本書集結了我十多年來使用麵包機的經驗，將各種常見問題有系統地寫在書裡，而不是分散在眾多的網路文章中。希望麵包機新手，可以在這本書裡獲得成功做出麵包的祕訣。之後還能運用它來揉麵糰，做出各種麵包，享受烘焙的樂趣。

　　我幾乎每天使用麵包機做出不同麵包，即使很多人覺得，麵包機揉出來的麵糰不是完美，但對家庭主婦來說，絕對是省時省力的神助手。我的生活，還真的不能沒有麵包機！

　　那麼，這本書跟第一本書到底有什麼不同呢？兩本書使用的麵包機品牌並不相同，所以一鍵到底的食譜，差異最大。再來，兩本書相隔了八年的時間，這段期間我對麵包有更進一步的心得，也研發了多樣化的配方。將以熟練的狀態，提供最豐富的分享。

　　謝謝我的團隊，讓我在百忙之中，還可以有時間完成這本麵包機聖經。希望它能帶給更多烘焙新手與老手們靈感，享受溫暖的烘焙人生。

Shania

Contents

作者序 ……… 2

CHAPTER 1

開始做麵包前，
你要了解的
基本知識

1. 烘焙必備基本烘焙工具 ……… 10
2. 常用的基本材料 ……… 13
3. 麵包機的使用模式說明 ……… 16
4. 關於麵包機的常見 QA ……… 18
5. 影音版教學 ……… 30

CHAPTER 2

麵包機基本款吐司

1. 經典白吐司 ……… 36
| **Column** 一鍵到底失敗的原因！| ……… 38
2. 奶油乳酪吐司 ……… 40
3. 巧克力棉花糖土司 ……… 41
4. 皇后吐司 ……… 42
5. 白神山煉乳吐司 ……… 43
6. 燕麥奶抹茶紅豆吐司 ……… 44
7. 蜂蜜吐司 ……… 45
8. 番茄迷迭香吐司 ……… 46
9. 橄欖油低糖吐司 ……… 47
10. 香草吐司 ……… 48
11. 優格蔓越莓吐司 ……… 49
12. 葡萄乾鮮奶吐司 ……… 50
13. 生吐司 ……… 51
14. 鹽麴核桃吐司 ……… 52
15. 紫米吐司 ……… 53
16. 蜂蜜南瓜吐司 ……… 54
17. 紅蘿蔔豆漿吐司 ……… 56
18. 大理石吐司 ……… 57
19. 地瓜吐司 ……… 60
20. 肉鬆奶酥吐司 ……… 62

CHAPTER 3

療癒餐包與
手撕麵包

1. 奶油捲 ……… 66

2. 奶油捲手撕包 ……… 68

3. 生吐司手撕包 ……… 70

4. 芒果乳酪餐包 ……… 72

5. 馬鈴薯培根餐包 ……… 74

6. 超澎湃手撕包 ……… 76

7. 愛睡小熊餐包 ……… 78

8. 漢堡麵包 ……… 80

9. 鮮奶小圓餐包 ……… 82

10. 鮮奶油餐包 ……… 84

CHAPTER 4

古早味麵包

1. 小布利 ……… 88

2. 巧克力小布利 ……… 90

3. 抹茶小布利 ……… 92

4. 奶酥花圈麵包 ……… 94

5. 冰心維也納 ……… 96

6. 芋泥肉鋪麵包 ……… 98

7. 花生夾餡麵包 ……… 100

8. 菠蘿麵包 ……… 102

CHAPTER 5

創意潮流麵包

1. 香蒜奶油乳酪麵包 ········ 106

2. 鮮奶哈斯 ········ 108

3. 巧克力哈斯 ········ 110

4. 阿薩姆哈斯 ········ 112

5. 原味蝴蝶結麵包 ········ 114

6. 巧克力蝴蝶結 ········ 116

7. 地瓜捲麵包 ········ 118

8. 毛毛蟲葡萄乾麵包 ········ 120

9. 香蒜帕瑪森 ········ 122

10. 草莓煉乳麵包 ········ 124

11. 起司乳酪條 ········ 126

12. 菇菇麵包 ········ 128

13. 鮮奶乳酪丁麵包 ········ 130

14. 燻雞肉起司麵包 ········ 132

15. 蘋果乳酪麵包 ········ 134

16. 砂糖奶油辮子麵包 ········ 136

CHAPTER 6

不同模具變化吐司

1. 中種法優格吐司 ········ 140

2. 巧克力生吐司 ········ 142

3. 巧克力菠蘿脆皮吐司 ········ 144

4. 自製豆漿吐司 ········ 146

5. 貓咪雙色生吐司 ········ 148

6. 貓咪芒果吐司 ········ 150

7. 抹茶蛋糕吐司 ········ 153

8. 虎紋吐司 ········ 156

9. 香草巴布羅 ········ 158

10. 莓果乳酪吐司 ········ 160

11. 麥香吐司 ········ 162

12. 湯種山形白吐司 ········ 164

13. 紫米核桃吐司 ········ 166

14. 黑糖雙色吐司 ········ 168

15. 蜂蜜生吐司 ········ 170

16. 雙拼吐司 ········ 172

17. 鹹奶油吐司 ········ 174

18. 帶蓋吐司 ········ 176

CHAPTER 7
低糖低油健康系列

1. 中種無花果核桃麵包 ········ 180
2. 茶香無花果麵包 ········ 182
3. 原味貝果 ········ 184
4. 巧克力貝果 ········ 186
5. 茶香貝果 ········ 187
6. 藍莓貝果 ········ 188
7. 巧克力麵包 ········ 190
8. 百變 Pizza ········ 192
9. 脆皮芝麻紅豆麵包 ········ 194
10. 起司海星麵包 ········ 196
11. 起司堅果麵包 ········ 198
12. 培根菠菜麵包捲 ········ 200
13. 麥香蔓越莓麵包 ········ 202
14. 黑芝麻軟法 ········ 204
15. 黑糖葡萄乾麵包 ········ 206
16. 蜂蜜南瓜大麵包 ········ 208
17. 橄欖油佐餐麵包 ········ 210
18. 三種口味麵包捲 ········ 212

CHAPTER 8
中式麵點系列

1. 四種口味饅頭 ········ 216
2. 兩種口味養生饅頭 ········ 218
3. 麥香饅頭 ········ 220
4. 手切麵條 ········ 222
5. 中式水餃皮 ········ 223
6. 牛肉捲餅 ········ 224
7. 香煎蔥餅 ········ 226
8. 中式 3Q 餅 ········ 228
9. 蛋黃酥 ········ 232

│ Column 麵包機的其他功能 │
❶ 麵包機做果醬 ········ 234
❷ 麵包機做麻糬 ········ 235

CHAPTER 1

開始做麵包前，
你要了解的
基本知識

｜烘焙必備基本工具｜

麵包機

本書使用的是「胖鍋 MBG-036s」型號麵包機。裡面有一鍵到底完成吐司，還有【快速麵包麵糰】功能，可以揉各種麵糰。若使用其他品牌麵包機，一鍵到底的食譜分量需要自行調整。（詳見 P.16）

烤箱

本書使用「SHARP AX-XS5T」水波爐，裡面內建噴蒸氣功能，可以做出更柔軟的台式麵包，與酥脆的歐式麵包。預熱快速，而且還可以當作發酵箱使用。也可使用其他烤箱，烤溫須自行斟酌微調。（詳見 P.27）

大理石揉麵板

整形麵糰的時候，建議有一個專屬揉麵板，我自己習慣使用大理石揉麵板，整形時更安心、順手。

擀麵棍

建議可以使用塑膠製的擀麵棍，比較沒有發霉的問題。

刮板

作為分割麵糰，整形時使用。

刮刀

打麵糰或是製作菠蘿皮時，可以用來清除沾黏在麵包盆旁的麵粉等材料。

麵包刀

麵包刀有特殊的鋸齒狀，才能切割出漂亮的麵包。

手粉罐

製作麵包時，手上需要沾上適量的手粉才不會容易沾黏。可將麵粉事先裝在手粉罐裡，需要手粉時只需要輕輕倒出，非常方便。

噴水器

一般雜貨店都可以購買。在製作麵包的過程中，若發現麵糰偏乾，可以噴上適量的水讓麵糰恢復濕潤。最推薦三能食品噴霧器。

計時器

烘焙必須要精準的掌握時間，計時器是非常重要的工具。

電子秤

為了精準做出好麵包，電子秤是必備的工具。建議購買可測量到 0.1g 單位的量秤，這樣計算酵母時會更方便。

烘焙紙

事先鋪在烤盤上，待麵包整形後可以放到烘焙紙上，以防止麵糰沾黏。也可以直接用來包裝麵包，讓麵包看起來更有自然手作的氛圍。

麵包割線刀

將麵包表面畫出紋路的麵包割線刀，製作非歐式麵包時，也可使用乾淨的美工刀；如果製作歐式麵包，則須使用專用的麵包割線刀。

發酵布

在低糖低油系列，用來發酵麵糰時使用。通常都是帆布材質，請大家購買適合家裡烤盤尺寸的發酵布，布寬可以放進自家烤盤的長度即可。

網架

剛出爐的麵包必須放涼，架子底部須呈現網狀，才不會讓麵包底部因為熱氣無法散出而受潮。

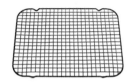

隔熱手套

取出剛出爐的麵包，以防被燙傷的必備用品。

矽膠刷子

將麵包刷上蛋液、融化奶油等液體時使用。

擠花袋

製作巴布羅吐司時，需使用擠花袋裝入巴布羅麵糊，方便將麵糊擠在麵糰上。

模具

本書較常使用的吐司模具，12兩低糖吐司盒（型號 SN-2066）與貓咪吐司盒（型號 SN-2410）與方形吐司盒（型號 SN-2190）。

常用的基本材料

麵粉：

高筋麵粉

本書大多使用「統一麥典實作工坊麵包專用粉」，是高筋麵粉的
一種。高筋麵粉，筋性足夠，才能做出有嚼勁的麵包。「統一麥
典實作工坊麵包專用粉」，吸水力約65%左右。每一種高筋麵粉
的吸水量都有些差異，吸水量較少的約60%左右（麵粉的60%
重量＝水量）。麵粉類的保存，開封後建議放冰箱冷藏。

中筋麵粉

筋性比高筋麵粉差一點，適合做中式麵食類。但我也常使用「統一麥典實作工坊麵包專用
粉」當做中筋麵粉，食譜比例也不需要修改。

低筋麵粉

低筋麵粉的筋性最低，本書用來製作菠蘿皮，讓剛烤完的成品吃起來更酥脆，隔天變成稍
微鬆軟的口感。

可可粉

食譜裡面所使用的可可粉皆為無糖可可粉，可可粉有顏色深淺之
分，風味也會略有不同，挑選個人喜歡的品牌即可。

抹茶粉

請使用烘焙專用的無糖抹茶粉，如靜岡無糖抹茶粉。一般沖泡用的
綠茶粉因為不耐高溫，烘烤之後會變色。

其他茶粉

食譜裡面的茶香麵包,可使用烏龍茶粉,阿薩姆茶粉,蜜香紅茶粉等等,烘焙材料行也有販售。

奶粉

使用於增添風味,讓烤色更美。一般市售的成人奶粉,可於烘焙材料行買到小包裝來使用。

酵母

本書使用一般速發酵母,速發酵母非常方便,使用量少,也可以迅速的與水融合並發酵。本書大多使用的是「高糖」酵母。由於麵包的成敗與酵母有極大的關係,建議的保存方式如下:

開封後,請倒出一小部分在小容器裡,作為最近要使用的分量。另一部分保留原包裝,用夾鏈袋封好,放入真空保鮮盒冷藏。如果沒有在真空狀態下,僅簡單冷藏保存,通常超過2～3個月後,酵母的效用就會遞減。

糖類

- 砂糖:一般土司建議使用細砂糖來製作。
- 糖粉:質地與顆粒更細緻,製作奶酥餡料及菠蘿皮時使用。
- 黑糖:富含鐵質,加在麵包裡面別有風味!

水

夏天建議使用冰水,冬天則使用常溫水即可。

燕麥奶

一般市售的燕麥奶即可。

鮮奶油

本書使用的是動物性鮮奶油。

鮮奶

一般市售鮮奶即可。

鹽巴

能抑制麵糰過度發酵,也可以提味,並增加麵糰彈性。

雞蛋

雞蛋可用來取代部分的水分，是天然的乳化劑，能讓麵包更加柔軟。用在菠蘿皮上，則可以讓皮具有蛋香味，口感也比較鬆酥。

油脂

- **液態油**：常用的有橄欖油、玄米油、葵花油、沙拉油等。
- **奶油**：本書食譜中，如果沒有特別強調是有鹽奶油，就是使用發酵無鹽奶油，使用前請先放於室溫軟化。
- **無水奶油**：水分幾乎為零的奶油，烘烤小布利時，可以讓麵包底部更加酥脆好吃，僅在烘焙材料行有販售。

奶油乳酪（Cream cheese）

奶油乳酪最常被用來製作起司蛋糕。本書中是用來作為麵包的內餡或放在麵糰裡面取代奶油。

香草豆莢

富有天然濃郁香氣的香草豆莢，經常使用於甜點上，在烘焙材料行都能買得到。本書用於製作香草吐司和香草巴布羅吐司。

耐烤巧克力豆

在烘焙材料行購買，通常都放冷藏保存，烘烤之後若稍微融化，是正常現象。

堅果類

杏仁片會放在麵包表面，可以增加口感與香氣，在烘焙材料行都能買得到。

麵包機的使用模式說明

本書使用的是「胖鍋 MBG-036s」型號麵包機，常用功能說明如下：

【①經典白吐司】

總行程約3.5～4小時。包含揉麵與發酵，到最後烘烤完成一條吐司。

其他品牌的麵包機，可以挑選時間長度差不多的行程試看看。

烤色部分，可以選擇【低溫、中溫、高溫】。大家請依照食譜來操作。

季節部分，有【春天、夏天、冬天】。請依照當時氣候，選擇該季節選項。（假設現在是夏天，請選擇【夏天】）

【⑥超軟麵包】

總行程將近5個小時，為少量酵母、長時間發酵，能完成更柔軟的吐司。其他品牌的麵包機也有類似的行程，可以挑選時間長度差不多的行程試看看。

【 ⑫ 麵包麵糰 】

總行程約2個小時，用水合法讓麵糰更加細緻。但因為總時間比較長，本書大多使用功能⑬。

【 ⑬ 快速麵包麵糰 】

本書最常使用這個功能，包含揉麵約25分鐘，加上一次發酵約50 ～ 60分鐘不等。其他品牌的麵包機功能通常為【麵包麵糰】。

【 ⑰ 中式半燙麵糰 】

水溫高一點可以讓麵粉吸收更多水分，非常適合用來做中式捲餅。這個功能沒有出現在其他麵包機裡，本書只有使用於一道食譜。

【 ㉑ 揉麵糰 】

單純揉麵，沒有包含一次發酵。可用於製作貝果麵糰、饅頭麵糰、中式麵食類。有【慢速、中速、快速】三種速度可以選擇。通常會建議選擇【快速】模式。其他品牌的麵包機可選擇類似【烏龍麵糰模式】，或其他單純揉麵的功能。

【 ㉒ 烘烤 】

此行程單純烘烤。可於整形吐司時使用。有【低溫、中溫、高溫】三種溫度可以選擇，建議依照食譜建議，選擇適合的溫度，其他麵包機可使用【蒸麵包】或【蔬食蛋糕】功能，時間設定為35 ～ 40分鐘。。

【 ㉔ 發酵 】

單純微加溫。有【低溫、中溫、高溫】三種溫度可以選擇，建議依照食譜建議，選擇適合的溫度。其他品牌的麵包機，請大家找類似【天然酵母】的功能，但發酵溫度無法選擇。

【 ㉕ 發酵及烘烤 】

這個功能適合將麵糰整形好，放回麵包機裡，等待最後發酵之後，麵包機將直接進行烘烤。這個功能沒有出現在其他麵包機裡，建議可用單純發酵及烘烤功能取代即可。

【 ㉘ 果醬 】

一邊加熱一邊間歇式的攪拌，很適合做果醬，還有用糯米粉調製的麻糬。其他麵包機品牌，大多都有這個功能。

關於麵包機的常見QA

這篇章節集結了長久以來眾多粉絲的疑問，超過 15 年關於麵包機烘焙的精華都在這，希望這些解答能對大家有所幫助。

Q1 本書適合所有麵包機嗎？

A 每一種品牌的麵包機，最大的差別是「可以製作的麵糰量」還有每個吐司的行程設計會有些差異。

特別是「一鍵到底」的部分，胖鍋一斤的麵粉量為300g，但其他日系品牌通常是250g。如果書裡面的配方要適用於250g 的麵包機，建議將300/250＝1.2。也就是將一鍵到底食譜裡面的食材，全數除以1.2。然後必須選擇總行程時間與本書使用行程差不多的時間。若本書選擇的行程為3.5 ～ 4小時間完成的，不同麵包機，就必須找到總時間差不多也是3.5 ～ 4小時的行程。但這只是概要的建議，還是要實際試看看才知道如何精確地調整。

另外，如果本書使用【⑬快速麵包麵糰】的部分，則適用於其他麵包機【麵包麵糰】的功能，行程總長約1.5個小時。

Q2 麵包機第一次使用是否需要空燒？

A 每一台麵包機不一樣，建議使用前都要詳細閱讀說明書。本書是針對食譜方面做分享，但機器本身該怎麼操作，還是要以該機器說明書為主。

Q3 麵包機上蓋在機器運作時可以打開嗎？

A 大多數時間是可以的，特別是打麵糰的時候，會好奇麵糰的狀態。但請避開以下時間：❶ 即將投入酵母或投入果乾的時候。擔心開蓋剛好投料，就會錯失投料的時間。❷ 烘烤的時候，怕被燙傷，則建議不要打開麵包機。

一鍵到底問題集

Q4 為什麼我的一鍵到底吐司會失敗？

A 要看失敗的定義是什麼？是高度不夠高？還是烤色太深？或者沒達到你的預期？我建議新手第一次做，要照著食譜做，不要自行修改配方。因為烘焙跟料理不同，改一點就會差很多。如果要看更多一鍵到底的製作細節，可以參考本書 P.38。

Q5 為什麼我的一鍵到底吐司有時高有時矮？

A 有可能因為配方調整，也可能是因為季節的關係，要適當的調整麵糰水分或是水的溫度。也或許是因為酵母放太久，效力已經沒有之前好。也可能換了麵粉品牌之後，水分卻沒有跟著調整，也會造成麵包的體積不同。

Q6 為什麼一開始做都成功，過幾個月後再做就常常失敗，是麵包機壞了嗎？

A 遇到這樣的狀況，通常都是因為酵母效力減弱。速發酵母開封後，建議真空密封好，並且放冷藏保存，才可以超過3個月之後效力不減弱。建議大家留意酵母的保存方式，就可以減低失敗率。

Q7 投料順序很重要嗎？

A 如果是「一鍵到底」的吐司，投料順序沒有太重要的關聯。但我自己習慣的順序是：液體類 ➡ 砂糖、鹽巴 ➡ 麵粉 ➡ 油脂類，然後酵母另外放到酵母盒裡。請參考經典白吐司 P.36。
但如果是【⑬快速麵包麵糰】或【⑫麵包麵糰】模式，切記將鹽巴與酵母分開。還有建議奶油在麵糰成糰之後（約啟動3～5分鐘左右），再投入奶油，這樣麵糰筋性會再更好一點。

Q8 吐司皮表皮很硬該怎麼調整？

A 通常表皮很硬的原因可能是：發酵不足或烘烤過久，或者兩者同時發生。造成發酵不足的原因，也可能是配方比例不對或酵母效力已經減弱。建議先依照食譜製作，不要自行修改配方或是重新更換酵母。如果吐司高度夠，純粹因為烘烤過久的話，一鍵到底溫度建議改為【中溫】或【低溫】。

Q9 為什麼有時候吐司表面不光滑？

A 因為麵包機的行程是固定的，而麵糰的狀態會因為氣候不同、配方不同而產生變化。若麵糰濕度不夠，就容易造成麵糰表面凹凸不平，而隨著麵包機攪動麵糰，將麵糰形狀不規則的那面朝上之後，最後發酵、進行烘烤，就會造成吐司表面凹凸不平。或許下次水分可以多加一點試試看，但如果吐司夠柔軟，這樣也無所謂了。

Q10 為什麼烤好的吐司旁邊有凹陷？這樣有熟嗎？

A 吐司很柔軟，剛出爐時還沒完全定型，難免在脫模的時候造成撞傷。或者因為吐司水分含量夠多，在散熱之後，較容易讓外皮變得柔軟。只要切開的時候，裡面有熟就沒問題。

Q11 為什麼一鍵到底的吐司，上面白白的，這樣有熟嗎？

A 通常是因為發酵不足，吐司高度低於上方的導熱管，造成上方上色不夠。但只要有依照行程全部走完，吐司通常都是熟的，請不用擔心。

Q12　為什麼麵包機一鍵到底的麵包底部有一個洞？

A　這是正常的喔！因為麵包機底部有攪拌棒。

Q13　酵母一定要放在酵母盒裡嗎？

A　如果是一鍵到底的吐司，酵母一定要放到酵母盒裡。若是【⑬快速麵包麵糰】行程，則可以一開始就投入攪拌盆裡。

Q14　吐司什麼時候可以切？可以一出爐就切嗎？

A　當然不行。麵包或是吐司在充滿熱氣的時候，還沒完全定型，這時候切麵包會太軟不好切，而且切了之後，切面非常濕，會讓你誤以為麵包還沒有熟。所以，一定要放到完全涼了之後再切會比較好。不知道大家是否有留意過，麵包店剛出爐的吐司，幾乎都是不切的，就是這個原因。

Q15　怎麼切麵包機的吐司？

A　我會建議將麵包直立，之後再切 **1**。但如果吐司越切越薄，可以將吐司橫躺再切 **2**。

Q16　麵包烤好一定要馬上脫模、放涼嗎？

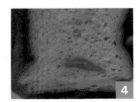

A　是！如果吐司沒有馬上取出，熱氣會無法散出而回滲到麵包本身，造成吐司潮濕或表皮變得濕濕的。甚至外表會內縮 **3**，切開來看時，可能會很潮濕 **4**。

21

Q17 為什麼一鍵到底的吐司，吃起來口感跟市售吐司不太一樣？

A 因為麵包機做的吐司，是直接由機器排氣之後再隨機收圓。不像市售吐司由專業師傅細心的製作麵糰，並發酵，再將麵糰排氣，擀捲之後再整形。所以，市售吐司吃起來口感會再更綿密一點。如果想追求這樣的口感，建議可參考本書的第六章P.140，用不同模具變化吐司，就會跟市售吐司差不多。

Q18 不同吐司行程之間，要如何調整酵母公克數？

A 麵包機有很多不同的行程，總時間長度都不一樣。建議可參考說明書裡面記載的酵母分量，假設你喜歡行程A的配方，但想要用行程B來做看看。我會建議配方A的材料中，只需要修改酵母的分量，其他都不需要改變。而酵母分量則參照說明書內行程B的酵母分量即可。以上是依照我自己的經驗推測，大家還是要實際測試狀況再做調整喔！

Q19 如果我的麵包機可以做1.5或2斤的吐司，書中食譜材料該如何調整？

A 通常可以用1斤為基礎，1.5斤就是1斤材料×1.5。2斤的話以此類推，但建議還是先查詢機器本身說明書，再依實際狀況調整。因為每一台麵包機對1斤的定義並不相同，請大家以麵粉重量為基礎來比較。

Q20 為什麼換了麵粉之後，麵包就失敗了？

A 因為每一款麵粉適合搭配的水量都不一樣。有些每100g適合搭配70g的水量，但有些麵粉只能搭配60g的水，不然水分會過多，造成麵糰太過軟塌。建議大家先使用與食譜相同的麵粉，等熟練之後，再試試看其他麵粉，這樣可以避免失敗。

麵包製作問題集

Q21 鮮奶跟水該怎麼替換？

A 鮮奶有部分是固體，與水的比例是 ➡ **水：鮮奶＝1：1.1**。意思是，原配方水分為 100g，如果要改放鮮奶，則鮮奶的量就是110g。市售的豆漿與燕麥奶比例也適用 於鮮奶，但各家的濃度不同，僅供參考，這個比例不適用於自製豆漿，因為每家製 作的濃度也不一樣。

Q22 啟用【⑬快速麵包麵糰】時，投料順序的部分，奶油有需要晚點投入嗎？

A 建議奶油可以在啟動模式之後，約3～5分鐘，等到麵糰成糰再投入奶油。這樣麵 糰筋性會變得更好。

Q23 可不可以更改配方？

A 新手對麵包狀態與食材特性不熟悉，所以不建議擅自調整配方，以免麵包失敗。如 果是老手的話，當然可以任意修改，只是修改之後，整形方式、發酵時間、烘烤溫 度與時間都需要另外自行調整。

Q24 一鍵到底食譜跟整形麵包食譜，兩者可以互換嗎？

A 不建議！一鍵到底的吐司通常水分都會偏多，整形會非常困難。而酵母分量也會 不同，發酵狀態會更難判斷。

Q25 有辦法讓吐司冷卻後外皮都不要變皺嗎？

A 可以延長烘烤時間，讓吐司的水分流失，皮皺的狀況可以改善。但吐司也會因此變 乾喔！

Q26 製作麵包時速發酵母應該放多少？

A 要依照製作方式決定，沒有一定答案。但如果是直接法的話，通常一般速發酵母量就是麵粉重量的1%，新鮮酵母會是麵粉的3%左右，而白神山酵母則是麵粉的2%。假設今天做300g的麵包，速發酵母需要放3g，新鮮酵母為9g，白神山酵母需要放6g。

Q27 為什麼麵包烤好放涼之後，皮都皺皺的？

A 這是正常的。麵包完成烘烤之後，麵糰表面會比較緊實。但隨著熱氣散出來之後，會讓麵包表面變皺。除非吐司呈現嚴重歪斜或是縮腰，可能是因為吐司不熟。如果形狀沒有太大改變，外皮有點皺是正常的。

Q28 麵包沒吃完要如何保存？可保存幾天？

A 建議放入保鮮盒或塑膠袋密封好，常溫1～2天不等（看麵包種類決定）。冷藏約一週，冷凍約一個月。

Q29 隔天要如何回烤風味比較好？

A 回烤的重點是「時間越短越好」，畢竟不建議讓麵包的水分流失過多。我試過很多種回烤方式，最喜歡的還是用類似阿拉丁小烤箱來回烤麵包。可以噴點水，放入烤箱，依照麵糰大小設定不同的溫度回烤。如果是薄片吐司，建議用220℃，回烤3分鐘。如果是一般餐包，可以在上方蓋上錫箔紙，用200℃回烤5分鐘。
如果沒有小烤箱，可以用平底鍋加熱。鍋底抹一點點奶油，開中小火，放入吐司煎至酥脆，也非常好吃。或用一般烤箱以200℃回烤5～10分鐘。

Q30 天氣冷發酵很慢怎麼辦？

A 將麵糰放入微波爐或烤箱，旁邊放一杯溫水，以維持爐內溫度，就會好一些。但如果有水波爐，可以使用蒸氣發酵功能，會更方便。

Q31 麵糰黏手該怎麼辦？

A 雙手撒上適量的手粉，就能順利的整形。但如果真的非常黏，建議整形速度要更快速，手不要一直貼著麵糰，這樣會更黏。

Q32 做麵包時可以不加糖或減糖嗎？

A 不建議自行修改食譜，糖除了可以讓麵包有保濕功能之外，對麵糰發酵也會有幫助，再來就是能讓麵包上色的比較漂亮。如果減糖，配方風味會有所不同，烘烤溫度也需要適當的調整，這些都需要花時間再摸索。

Q33 我可以把高筋麵粉都改成全麥麵粉嗎？

A 很多朋友因為「全麥麵粉」的營養價值較高，想添加更多在麵包裡。但因為全麥麵粉筋性沒有高筋麵粉好，做出來的麵包比較缺乏延展性，吃起來偏乾。所以不建議全部更換成全麥麵粉。那麼應該添加多少，才不會過度影響麵包口感？建議大家可以參考第六章中的「麥香吐司」P.162。

Q34 麵包容易烤焦怎麼辦？

A 建議下次降低烘烤溫度，如果是比較大型的麵糰，在烘烤一定時間之後，蓋上錫箔紙，然後繼續烘烤到時間結束。

Q35 如何判斷麵包有沒有烤熟？

A 如果是小麵包，可以看表面與底部是否有均勻上色，如果有就可以出爐了。如果不放心，可以再壓一下麵糰側邊，如果有回彈就是熟了。如果是吐司，因為被吐司模具包裹著很難判斷。小心不要被表面顏色已經上色所迷惑，建議噴點水在吐司盒上，如果水分立刻消失，就可能是已經烤熟；但如果水分仍呈現水珠緩緩滑落的狀態，就代表還沒熟。建議烘烤時間至少跟食譜建議相同，或是更長。

Q36 冬天吐司發酵很慢該怎麼辦？

A 水波爐可以選擇蒸氣發酵功能，設定40℃、10分鐘。之後可以用沒有蒸氣的發酵功能，即可設定45℃、10分鐘，之後用餘溫發酵，並且每20分鐘，依照發酵狀況決定是否需要繼續使用發酵功能。若無水波爐，可在烤箱內放杯溫水。

Q37 夏天用麵包機打麵糰，麵糰升溫比較快，該怎麼辦？

A 建議將麵包機上蓋不時打開，可以讓麵包機裡的溫度散去一些。另外，夏天建議使用冰水打麵糰，麵粉也可以先放入冰箱冷藏，這樣就可以減少麵糰溫度上升的疑慮。

Q38 麵糰溫度偏高，會有什麼問題呢？

A 會造成麵糰發酵過快，使得烘烤完的麵包會很容易變乾、變硬。所以建議盡量在打麵糰的時候，將溫度維持在28℃以下，麵糰發酵會更穩定。

Q39 用麵包機打麵糰，可以用新鮮酵母嗎？
如果可以，食譜中的速發酵母要怎麼替換？

A 如果使用【⑫麵包麵糰】或【⑬快速麵包麵糰】模式是可以的。請用**速發酵母：新鮮酵母＝1：3**的比例換算。

Q40 如果用新鮮酵母打麵糰，投料順序為何？能否放在酵母盒？

A 如果使用【⑫麵包麵糰】或【⑬快速麵包麵糰】模式，建議在放入液體材料之後，就先放入新鮮酵母。

Q41 麵包機的投料盒，只可以放葡萄乾、堅果等乾性食材嗎？
可以放巧克力嗎？

A 建議放果乾或是堅果都可以。但不建議放置容易融化的食材，例如巧克力。

重要烤箱設定問題

Q42 烤箱跟辣媽食譜裡面的不同，烤溫該如何調整？

A 書中使用的是水波爐烤溫，通常傳統烤箱需要再往上加10℃左右，烘烤時間也建議多1～2分鐘。但畢竟烤箱種類眾多，每一台烤溫差異也很大。建議大家以「烘烤時間」為主要參考標準，再去反推應該要用多少的烘烤溫度。意思是，如果食譜寫190℃，烘烤10分鐘。那麼你在反覆測試之後，就可以得到家中的烤箱預計在10分鐘出爐的溫度，應該為幾度。

Q43 書中食譜在烘烤時有提到蒸氣設定，
但我的烤箱沒有蒸氣功能，該怎麼辦？

A 直接忽略即可。沒有蒸氣一樣可以烘烤麵包，只是效果有些差異而已。

Q44 如果跟書上使用同款水波爐,到底哪些食譜該設定蒸氣?哪些不需要?

A 烘烤一般台式麵包或偏柔軟的麵包,建議烘烤前5分鐘(沒有設定也沒關係),設定一顆蒸氣。菠蘿麵包與小布利則不需要設定蒸氣,烘烤低糖低油系列的大麵包,建議烘烤前5分鐘(沒有設定也沒關係),設定三顆蒸氣。

Q45 書中常使用低糖吐司模,與一般的吐司和有什麼不同?

A 低糖吐司模的外殼是黑色的,可以有效地聚熱,讓吐司更快上色、烤熟。有些糖分不是很高的吐司,依舊可以有美麗的烤色。以12兩吐司模來說,低糖吐司模的烘烤時間大約為21分鐘(若一般烤箱,可能為24 ~ 25分鐘)。而一般吐司模則需要27分鐘左右(若一般烤箱,可能為30 ~ 35分鐘)。如果家中的吐司模為一般的吐司模,記得烘烤時間要比書中食譜建議的時間久喔!

Q46 烤箱一定要預熱嗎?

A 是的,而且必須充分預熱。烤箱宛如乾燥箱,麵包在裡面的每分每秒都在流失水分,預熱烤箱可以讓麵包在最短的時間烤熟,即可出爐。不會因為時間長而變得又乾又硬。

其他問題

Q47 胖鍋附贈的內鍋蓋子什麼時候會用到?
打麵糰時要在內鍋加上這個蓋子嗎?

A 內鍋蓋子可以在一開始打麵糰的時候使用(擔心麵粉噴濺),或在做果醬行程,擔心果醬往外噴濺的時候使用。在烘烤其他吐司時,不需使用。

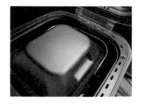

Q48 胖鍋附贈的勾勾是什麼功能呢？

A 在一鍵到底吐司烘烤完之後，要將吐司取出時，必須先將攪拌盆上的手把往上勾，才能順利的將麵包盆旋轉並取出。

Q49 麵包機除了烤土司、打麵糰外，可以做蛋糕嗎？

A 麵包機還有發酵的功能、熱攪拌的功能，也有單純烘烤功能，所以做蛋糕也沒問題。

Q50 麵包機很耗電嗎，電費會不會很貴？

A 不會喔！胖鍋麵包機是580W，代表一整個小時都在烘烤吐司時的用電量。而1000W＝一度電（單位一小時），請大家查詢自家的電費計算費率，如果一度電費約3元。那代表580W／1000W＝0.58。所以3×0.58＝1.74元，就是烘烤時間一整個小時所需要電費約1.74元。而麵包機通常烘烤時間只有40分鐘左右，就是1.74×2／3＝1.16元！

影音版教學

▬ CHAPTER 2

麵包機
基本款吐司

經典白吐司

皇后吐司

番茄迷迭香吐司

優格蔓越莓吐司

葡萄乾鮮奶吐司

生吐司

蜂蜜南瓜吐司

▬ CHAPTER 3

療癒餐包
與手撕麵包

奶油捲

奶油捲手撕包

生吐司手撕包

芒果乳酪餐包

超澎湃手撕包

愛睡小熊餐包

漢堡麵包

鮮奶小圓餐包

鮮奶油餐包

CHAPTER 4

古早味
麵包

小布利

奶酥花圈麵包

冰心維也納

芋泥肉脯麵包

花生夾餡麵包

菠蘿麵包

CHAPTER 5

創意潮流
麵包

香蒜奶油乳酪麵包

鮮奶哈斯

原味蝴蝶結麵包

毛毛蟲葡萄乾麵包

香蒜帕瑪森

草莓煉乳麵包

起司乳酪條

菇菇麵包

燻雞肉起司麵包

蘋果乳酪麵包

CHAPTER 6

不同模具
變化吐司

1 中種法優格吐司

2 巧克力生吐司

3 巧克力菠蘿脆皮吐司

4 自製豆漿吐司

5 貓咪雙色生吐司

6 貓咪芒果吐司

7 抹茶蛋糕吐司

8 虎紋吐司

9 香草巴布羅

10 莓果乳酪吐司

11 麥香吐司

12 湯種山形白吐司

13 紫米核桃吐司

14 黑糖雙色吐司

15 蜂蜜生吐司

16 雙拼吐司

17 鹹奶油吐司

18 帶蓋吐司

■ CHAPTER 7

低糖低油
健康系列

中種無花果核桃麵包

茶香無花果麵包

原味貝果

巧克力麵包

百變 Pizza

脆皮芝麻紅豆麵包

起司堅果麵包

培根菠菜麵包捲

麥香蔓越莓麵包

黑糖葡萄乾麵包

蜂蜜南瓜大麵包

橄欖油佐餐麵包

三種口味麵包捲

■ CHAPTER 8

中式麵點
系列

四種口味饅頭

兩種口味養生饅頭

香煎蔥餅

中式 3Q 餅

蛋黃酥

CHAPTER 2
麵包機
基本款吐司

只需要投料就好,完全不需要製作麵包的技術,沒有經驗也能輕鬆完成吐司。這章節最適合剛購入麵包機的新手,或是忙碌的媽媽們。食材比例對了,就能輕鬆做出各種美味吐司。

經典白吐司

推薦給新手做的第一條吐司，因為材料最單純、簡單，成功率相當高，而且又很柔軟。我們以這個食譜為投料範例，其他食譜也可以比照這個方式來製作。

麵糰材料：

高筋麵粉…300g

水…200g

砂糖…30g

酵母…2.8g

鹽巴…3g

奶油…30g

作法：

1. 材料依序放入麵包機，首先投入水，或是所有的液態材料。**1**

2. 加入砂糖與鹽巴。**2 3**

3. 接著加入麵粉。**4**

1

4. 最後放入奶油。 **5**

5. 將攪拌盆放入麵包機中。 **6**

6. 再把酵母粉放入酵母盒中。 **7**

7. 選擇行程 ①經典白吐司 ➡ 中溫 ➡ 一斤 ➡ 當時季節 ➡ 開始。

8. 麵包機行程結束後 **8**，出爐要立刻取出，把麵包盆往桌子上重敲1～2下 **9**，緩緩的倒出來。 **10**

9. 吐司原本是倒著 **11**，建議快速將它站立起來。 **12**

10. 待吐司完全涼了，才可以放入保鮮盒或是塑膠袋。 **13**

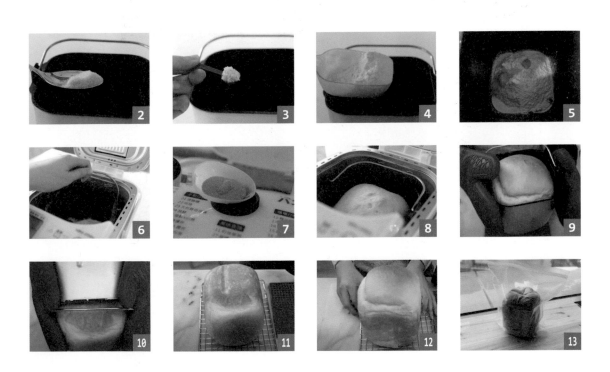

一鍵到底失敗的原因！

　　一鍵到底的吐司，有時候會高矮不一。其中一個原因，因為麵包機攪拌麵糰是隨機的，當麵糰含水量不夠多的時候，會造成麵糰表面不夠光滑，而在麵包機攪動之後，將不光滑的那面朝上。如此一來，如果製作麵包時沒有確實滾圓，就容易造成發酵不足。

POINT

01　建議大家在行程剩下約 1：30（一小時 30 分鐘）的時候，觀察麵糰狀態，是否如 **1** 般表面明顯有凹陷。

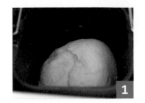

02　可以將行程提前結束，取出麵糰，撒上適量的手粉 **2**，輕輕排氣，然後再滾圓 **3**。但我在拍這個麵糰的時候發現，麵糰很 Q 彈，不是那麼好整形。所以就大概收圓，表面有點不平整也沒關係。但麵糰底部盡可能捏緊，就可以放入麵包盆裡面。

03　請啟動【㉔發酵】功能，設定【高溫】，時間為 60 分鐘 **4**。時間到了，再換成【㉒烘烤】，設定原本食譜預設的烤溫，一斤吐司烘烤時間為 40 分鐘。

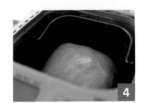

04　用這樣的方式拯救麵糰，烘烤出來的吐司高度就會比較正常 **5**。若沒有做這樣的補救，吐司可能就會如 **6** 一樣。

奶油乳酪吐司

許多烘焙愛好者都知道,奶油乳酪少量跟一公斤的價格差距不大,大多都會買一公斤。但這麼大分量往往用不完,將它當作奶油來做麵包,效果也很棒!

麵糰材料:

高筋麵粉…300g

水…200g

砂糖…25g

酵母…2.8g

鹽巴…3g

奶油乳酪…40g

作法:

1. 選擇行程 ①經典白吐司 ➡ 中溫 ➡ 一斤 ➡ 當時季節 ➡ 開始。

2. 材料依經典白吐司的順序放入麵包機,設定好就可以囉!

TIPS

奶油乳酪可以當成奶油使用,因為它的脂含量沒那麼高,使用的分量可以比奶油多一些。

巧克力棉花糖吐司

使用【⑥超軟麵包】模式，少少的酵母，慢慢發酵出質地更細緻柔軟的巧克力吐司，在口中如棉花糖一般很快融化。

麵糰材料：

高筋麵粉…275g

無糖可可粉…25g

奶粉…15g

水…205g

砂糖…45g

高糖酵母…1.5g

鹽巴…3g

奶油…35g

投料：

耐烤巧克力…40g

作法：

1. 選擇行程 ⑥超軟麵包 ➡ 中溫 ➡ 投料 ➡ 一斤 ➡ 當時季節 ➡ 開始。

2. 材料依經典白吐司的順序放入麵包機，設定好就可以囉！為避免巧克力豆放在投料盒時，因溫度升高而融化，建議自行投料耐烤巧克力豆。意思是投料聲響時，手動投入巧克力。行程剩下時間約3：50的時候，機器會投料。

TIPS

如果覺得自行投料的步驟麻煩，也可以直接省略，不加入巧克力。

皇后吐司

充滿蛋與奶油香氣，超級柔軟的一款吐司。成功率非常高、適合新手，也很好吃！

麵糰材料：

高筋麵粉⋯300g

雞蛋＋水⋯200g
（雞蛋兩顆，剩餘用水補足）

砂糖⋯35g

酵母⋯2.8g

鹽巴⋯3g

奶油⋯45g

作法：

1. 選擇行程 ①經典白吐司 ➡ 中溫 ➡ 一斤 ➡ 當時季節 ➡ 開始。

2. 材料依經典白吐司的順序放入麵包機，設定好就可以囉！

3. 不建議做1.6斤，因為吐司會太高頂到機器上蓋。

白神山煉乳吐司

白神山酵母是酵母界的 LV，完成的吐司高度不高，卻非常柔軟，到了第二天仍非常濕軟。唯一缺點就是價位偏貴，氣味也比一般酵母明顯。

麵糰材料：

高筋麵粉…250g

水…120g

鮮奶…55g

煉乳…25g

砂糖…10g

白神山酵母…5g

鹽巴…3g

奶油…25g

作法：

1. 選擇行程　①經典白吐司 ➡ 中溫 ➡ 一斤 ➡ 當時季節 ➡ 開始。

2. 材料依經典白吐司的順序放入麵包機，設定好就可以囉！

TIPS

我購買的是白神山酵母的麵包機版本，一包酵母為 5g ◘，適用 250g 的乾粉。而胖鍋的一斤吐司為 300g 乾粉，建議在烘烤結束前 5 分鐘，提前取消麵包機行程，取出麵包，這樣吐司皮比較不會厚，若沒提前取出也沒關係。

1

燕麥奶抹茶紅豆吐司

燕麥奶最近幾年很流行，有許多乳糖不耐症的朋友只能喝植物奶，將它用來做麵包也有不一樣的風味。

麵糰材料：

高筋麵粉…292g
抹茶粉…8g
水…65g
燕麥奶…150g
砂糖…35g
酵母…2.8g
鹽巴…3g
奶油…30g

投料：

蜜紅豆…100g

作法：

1. 選擇行程 ①經典白吐司 ➡ 中溫 ➡ 投料 ➡ 一斤 ➡ 當時季節 ➡ 開始。

2. 材料依經典白吐司的順序放入麵包機，設定好，等到投料提示音響起，投入紅豆，就可以囉！

TIPS

- 這款吐司的高度沒有白吐司高，是正常的。
- 蜜紅豆不建議放更多，會影響發酵。
- 如果沒有燕麥奶，請用等量鮮奶取代。

蜂蜜吐司

蜂蜜吐司會散發出濃郁的蜂蜜味道，吐司非常柔軟，這款也很適合做成法式吐司，真是一大享受。

麵糰材料：

高筋麵粉…300g

水…145g

鮮奶…55g

砂糖…10g

蜂蜜…30g

鹽巴…3g

酵母…2.8g

奶油…25g

作法：

1. 選擇行程 ①經典白吐司 ➡ 中溫 ➡ 一斤 ➡ 當時季節 ➡ 開始。

2. 材料依經典白吐司的順序放入麵包機，設定好就可以囉！

TIPS

蜂蜜建議使用百花蜜或龍眼蜜。

番茄迷迭香吐司

這款吐司很有義式風情，有番茄又有迷迭香，很適合搭配鹹食佐正餐一起享用！搭配排餐就是一頓滿足的華麗晚餐。

麵糰材料：

高筋麵粉⋯300g

水⋯80g

砂糖⋯15g

酵母⋯2.8g

鹽巴⋯3.5g

橄欖油⋯20g

番茄泥⋯120g

其他：

乾燥迷迭香⋯1小匙

作法：

1. 選擇行程 ①經典白吐司 ➡ 中溫 ➡ 投料 ➡ 一斤 ➡ 當時季節 ➡ 開始。

2. 將番茄塊打成泥狀 **1**，材料依經典白吐司的順序放入麵包機，設定好就可以囉！

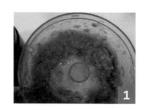

TIPS

因為迷迭香香氣很重，第一次嘗試時可以少量一點，並且切成小碎粒。

46

橄欖油低糖吐司

低糖低油系列的麵包，在我分享過的麵包裡是非常受歡迎的系列。這款不需要整形，直接投料，非常簡單方便。

麵糰材料：

高筋麵粉…300g

水…200g

砂糖…15g

酵母…3g

鹽巴…4.5g

橄欖油…12g

作法：

1. 選擇行程 ①經典白吐司 ➡ 高溫 ➡ 一斤 ➡ 當時季節 ➡ 開始。

2. 材料依經典白吐司的順序放入麵包機，設定好就可以囉！

TIPS

這款吐司因為糖分不高，記得烤溫一定要選擇【高溫】。

香草吐司

這款吐司是最奢華的一鍵到底吐司。每一口都吃得到香草香氣,味道層次很豐厚,我喜歡抹上巧克力醬或奶酥醬一起享用。

麵糰材料:

高筋麵粉…300g

水…100g

香草牛奶
(120g 鮮奶+1/3根香草籽)…110g

砂糖…25g

酵母…2.8g

鹽巴…3g

奶油…25g

作法:

1. 將香草籽+牛奶加熱到微微沸騰,之後放涼備用 **1**。

2. 選擇行程 ①經典白吐司 ➡ 中溫 ➡ 一斤 ➡ 當時季節 ➡ 開始。

3. 材料依經典白吐司的順序放入麵包機,設定好就可以囉!

TIPS

吐司切開之後,請仔細看剖面,看得到一顆顆的香草籽喔!

優格蔓越莓吐司

這款吐司吃起來酸酸甜甜，吐司也柔軟，成功率又很高，很推薦給初次接觸麵包機，又想嘗試一些不同口味的人。

麵糰材料：

高筋麵粉…300g

水…145g

優格…72g

砂糖…30g

酵母…2.8g

鹽巴…3g

奶油…30g

投料：

蔓越莓…50g

作法：

1. 選擇行程　①經典白吐司 ➡ 中溫 ➡ 投料 ➡ 一斤 ➡ 當時季節 ➡ 開始。

2. 材料依經典白吐司的序放入麵包機，將蔓越莓放入投料盒，設定好就可以囉！

TIPS

- 不建議做 1.6 斤，吐司一定會太高頂到上蓋。
- 蔓越莓不建議放更多，會影響發酵，投料盒可能也放不下。

麵糰材料：

高筋麵粉…300g

水…100g

鮮奶…110g

砂糖…30g

酵母…2.8g

鹽巴…3g

奶油…30g

投料：

葡萄乾…60g

作法：

1. 選擇行程 ①經典白吐司 ➡ 中溫 ➡ 投料 ➡ 一斤 ➡ 當時季節 ➡ 開始。

2. 材料依經典白吐司的順序放入麵包機，葡萄乾放入投料盒裡 **1**。設定好就可以囉！

葡萄乾鮮奶吐司

葡萄乾吐司是最基本的吐司口味，從小就愛吃這一味。一片柔軟的吐司裡面，偶爾吃到一顆甜甜的葡萄乾，就會想再繼續吃下去，等待吃到下一顆葡萄乾。

TIPS

麵包中加入任何果乾，都會影響麵糰的發酵，建議加入麵粉總量的 20%～ 30% 就足夠。放入的葡萄乾如果有沾黏在一起，記得要剝開來。

生吐司

「生吐司」是近幾年日本很流行的吐司。麵包質地鬆軟有彈性，與傳統吐司最大不同就是麵包邊也很柔軟。麵包機版本超簡單，不需要複雜的整形，也能輕鬆吃到生吐司的口感喔！

麵糰材料：

高筋麵粉…300g

水…135g

鮮奶油…88g

砂糖…20g

酵母…2.8g

鹽巴…3g

奶油…20g

作法：

1. 選擇行程 ①經典白吐司 ➡ 低溫 ➡ 一斤 ➡ 當時季節 ➡ 開始。

2. 材料依經典白吐司的順序放入麵包機，設定好就可以囉！

51

鹽麴核桃吐司

以鹽麴取代部分的鹽巴,讓吐司吃起來更有點回甘的味道。這款吐司,我曾與無花果醬還有鹽之花一起搭配,非常、非常美味!

麵糰材料:

高筋麵粉…300g

水…195g

砂糖…20g

酵母…2.8g

鹽巴…1g

鹽麴…9g

橄欖油…15g

投料:

核桃…50g

作法:

1. 選擇行程 ①經典白吐司 ➡ 中溫 ➡ 投料 ➡ 一斤 ➡ 當時季節 ➡ 開始。

2. 材料依經典白吐司的順序放入麵包機,設定好就可以囉!

TIPS

鹽麴可以在超市購買,它是萬用的日式調味料,鹹中會回甘。

紫米吐司

這款吐司既養生又帶有紫米淡淡的香氣，吃起來也有點QQ的口感，快去買紫米來試看看吧！

麵糰材料：	投料：
高筋麵粉…300g	煮熟紫米…35g
水…200g	核桃 …35g
砂糖…20g	
酵母…3g	
鹽巴…4g	
奶油…20g	

作法：

1. 紫米事先煮熟放涼，備用。 **1**

2. 選擇行程 ①經典白吐司 ➡ 中溫 ➡ 投料 ➡ 一斤 ➡ 當時季節 ➡ 開始。

3. 材料依經典白吐司的順序放入麵包機，等到投料提示音響，手動投入所有「投料」的材料，包含紫米與核桃，就可以囉！

TIPS

- 投料時間每一台機器都不一樣，同一台機器可能會因為氣候選擇的不同，有不同的投料時間。
- 煮紫米的方法，可以在購買紫米的時候，參考包裝說明，通常跟煮白米相同，只是水量需要調整。

蜂蜜南瓜吐司

這款麵包做起來分量十足，非常大器。我們家的孩子不愛吃南瓜，卻很愛這款麵包。南瓜自然的甜味，讓麵包變得營養又美味。

麵糰材料：

高筋麵粉…300g
冰水…50g
酵母…3g
鹽巴…4.5g
奶油…12g
蜂蜜…15g

南瓜…200g
（使用台灣南瓜，蒸熟後瀝乾水分）

裝飾：

鮮奶…適量
南瓜籽…適量

54

作法：

1. 將南瓜切塊，去籽之後蒸熟。

2. 材料依經典白吐司的順序放入麵包機 **1**，選擇行程 ①經典白吐司 ➡ 一斤 ➡ 當時季節 ➡ 開始。

3. 在麵包機進行烘烤之前，先將麵糰表面塗上一點點鮮奶 **2**，撒上南瓜籽 **3**，之後等待烘烤完就可以。

TIPS

因為南瓜比重很多，讓吐司會比較有分量，但體積比較小是正常現象。

紅蘿蔔豆漿吐司

紅蘿蔔吐司還滿神奇的，原以為是橘色，但做成麵包後呈現出美麗的黃色。這款吐司吃不太出來是紅蘿蔔喔！

麵糰材料：

高筋麵粉⋯300g

無糖豆漿⋯145g

紅蘿蔔切絲⋯70g **1**

砂糖⋯30g

酵母⋯3g

鹽巴⋯3g

奶油⋯25g

作法：

1. 選擇行程 ①經典白吐司 ➡ 中溫 ➡ 一斤 ➡ 當時季節 ➡ 開始。

2. 材料依經典白吐司的順序放入麵包機，設定好就可以囉！

TIPS

▪ 吐司高度會比白吐司矮，是正常現象。

▪ 吐司看得到紅蘿蔔的纖維，如果不想看到纖維，可以先用果汁機打成泥再加入。

1

大理石吐司

如果沒有烤箱，也可以使用胖鍋簡單做出有整形過的大理石吐司喔！

麵糰材料：〉

高筋麵粉…300g

水…90g

鮮奶…88g

砂糖…25g

酵母…3g

鹽巴…3g

奶油…25g

雞蛋…20g

巧克力餡料：〉

低筋麵粉…30g

可可粉…15g

砂糖…40g

水…60g

奶油…10g

餡料作法：

1. 低筋麵粉＋可可粉＋砂糖攪拌均勻。

2. 加入水攪拌均勻。

3. 平底鍋中放入奶油，融化之後倒入作法2。

4. 一邊加熱一邊攪拌至成團為止 ■1，冷卻後放入保鮮膜入冰箱冷藏。

作法：

1. 放入麵包機，啟動【⑬快速麵包麵糰】模式（已經包含揉麵＋一次發酵60分鐘）。

2. 取出麵糰，排氣滾圓，休息10分鐘。

3. 將麵糰擀成約22×32cm 長方形。將餡料隔著保鮮膜擀成21×16cm 的長度。

4. 將餡料放到麵糰中間 ■2，左右包起來 ■3，轉90度之後擀成22×32cm 長方形 ■4。折三折 ■5。

5. 再轉90度 ■6，再度擀成22×32cm 長方形，折三折。

6. 再轉90度，再度擀成21×7cm 長方形。

7. 切割成三等份 ■7，綁辮子 ■8，之後將辮子前後黏起來 ■9。

8. 放到麵包機裡 ■10，啟動【㉔發酵】，選擇高溫，設定60 ～ 80分鐘 ■11。

9. 設定【㉒烘烤】40分鐘，就完成了！

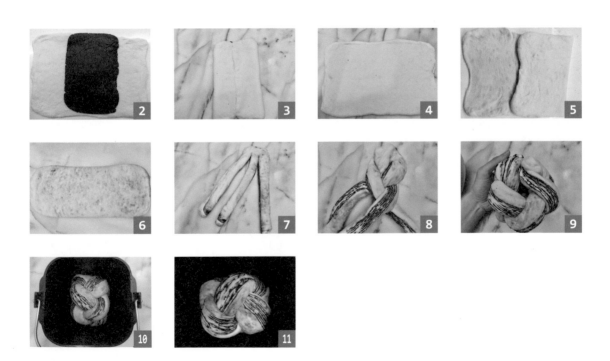

地瓜吐司

吐司裡面夾著香甜的地瓜餡，不膩口又很香。夾入了地瓜泥的吐司，更加柔軟，適合小孩也很適合長輩，是一款秒殺吐司。

麵糰材料：

高筋麵粉…300g

水…190g

砂糖…30g

酵母…3g

鹽巴…3g

奶油…25g

地瓜餡材料：

蒸熟地瓜…110g

砂糖…10g

奶油…10g

作法：

地瓜蒸熟趁熱與所有材料攪拌均勻就完成了！

作法：

1. 把所有麵糰材料放入麵包機，啟動【⑬快速麵包麵糰】 ① 。

2. 發酵完畢之後，從麵包機取出麵糰，拍出空氣，再度滾圓，休息10分鐘。

3. 將麵糰擀成長方形30cm×25cm，如果麵糰回縮很嚴重，就多等1 ～ 2分鐘再擀。

4. 把地瓜餡抹在麵糰上 ② ，開始將麵糰捲起來 ③ ，將接縫處麵糰捏緊。

5. 分成3等份 ④ ，綁辮子 ⑤ ，之後放回麵包機 ⑥ 。

6. 啟動【㉕發酵＋烘烤】 ➡ 設定1.6斤（因為加入地瓜餡要烘烤久一點） ➡ 當時季節。烘烤前高度如圖 ⑦ 。

   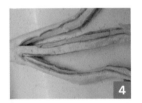

TIPS

▪ 地瓜餡裡面含有奶油，烘烤之後奶油會膨脹，在地瓜餡上方呈現空隙是正常的。

▪ 這次麵糰擀的比較長，如果縮回來很嚴重，請稍微再多耐心等待一下。擀的長是為了多一個圈，讓餡料看起來更加豐富。

肉鬆奶酥吐司

奶酥與肉鬆是超人氣絕配！肉鬆讓奶酥變得不甜膩，而肉鬆吸附奶酥的香氣，也變得更好吃。

麵糰材料：
高筋麵粉…300g
雞蛋…20g
冰水…170g
砂糖…25g
酵母…3g
鹽巴…3g
奶油…20g

原味奶酥：
奶油…45g
糖粉…35g
鹽巴…少許
雞蛋…13g
奶粉…56g

作法：
所有材料混合均勻，放入冷藏備用。

其他：
肉鬆…適量

62

作法：

1. 所有麵糰材料放入麵包機，啟動【⑬快速麵包麵糰】模式。

2. 取出麵糰，拍平滾圓休息10 ～ 15分鐘。

3. 擀成30×25cm 長方形，奶酥也先隔著保鮮膜，擀成比麵糰略小一點的長方形。

4. 將奶酥放到麵糰上 **1** ，放上適量的肉鬆 **2** ，捲起來、收口捏緊。

5. 繞一圈 **3** ，放回麵包機，撒上一層杏仁片，啟動功能【㉕發酵＋烘焙】。 選擇行程 ➡ 設定中溫 ➡ 一斤 ➡ 開始。

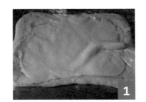  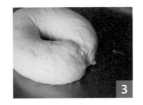

TIPS

作法 5 也可以改成【㉔發酵】設定高溫 60 ～ 80 分鐘，之後轉【㉒烘烤】，設定 40 分鐘。

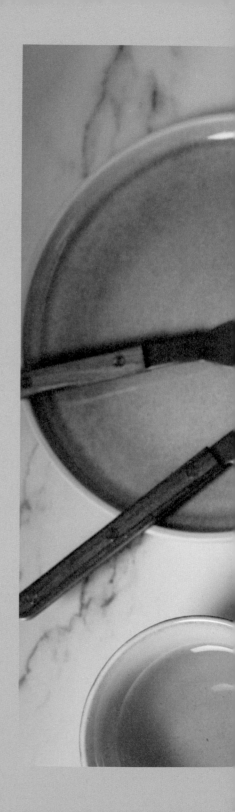

CHAPTER 3
療癒餐包與
手撕麵包

其實手作麵包並不難,這個章節的麵包也
沒有太艱深的技巧,只需要簡單整形,就
能做出家常、美味並且百搭的美味麵包。

奶油捲

奶油捲是超級百搭款麵包，看起來很簡單，但整形時需要一點技巧。如果希望紋路更漂亮，多留意捲麵糰時的力道與發酵時間就可以更完美。

麵糰材料：

高筋麵粉…200g　　鹽巴…2g

水…60g　　　　　奶油…28g

鮮奶油…30g

雞蛋…40g

砂糖…25g

酵母…2g

裝飾：

蛋液…適量

白芝麻…適量

作法：

1. 所有麵糰材料放入麵包機，啟動【⑬快速麵包麵糰】模式（包含揉麵＋一次發酵60分鐘）。

2. 麵糰分割成6等份，排氣滾圓，休息20 ～ 30分鐘。

3. 搓成水滴狀，再擀成25cm 長 **1**，捲起來 **2**，放到烤盤上 **3**。

4. 最後發酵40 ～ 50分鐘。（不能過度發酵，否則紋路會不見。）

5. 塗上蛋液 **4**，沾上適量白芝麻。

6. 烤箱預熱200℃，烘烤11 ～ 12分鐘，就完成囉！

TIPS

▪ 捲麵糰時順順的捲即可，不需要太大力，否則紋路會變得不明顯。
▪ 剛出爐時紋路會較不清楚，等到稍涼之後，紋路就會更明顯。

奶油捲手撕包

奶油捲手撕包的斷面秀超級吸睛！看起來非常軟綿，
完成這款會很有成就感。若家中沒有烤模也可以製作，
食譜有提供兩種不同的烘烤建議喔！

麵糰材料：

高筋麵粉…300g

冰水…160g

雞蛋…30g

砂糖…30g

酵母…3g

鹽巴…3g

奶油…35g

裝飾：

蛋液…適量

白芝麻…適量

使用：

SN5133
18×18cm 正方形烤模

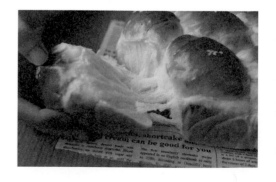

作法：

1. 所有麵糰材料放入麵包機，啟動【⑬快速麵包麵糰】模式（包含揉麵＋一次發酵60分鐘）。

2. 分割成9等份，排氣滾圓，休息10分鐘 **1**。

3. 搓成水滴狀 **2**，再擀成25cm 長 **3**，捲起來 **4**。

4. 放到已經鋪好烘焙紙的烤模上 **5**，若沒有烤模，可直接放在烤盤上。麵糰之間留一點點空隙，發酵後才會黏在一起 **6**。

5. 最後發酵40 ～ 50分鐘。

6. 塗上蛋液 **7**，沾上適量白芝麻 **8**。

7. 預熱烤箱190℃，有烤模烘烤16 ～ 17分鐘；沒烤模則是15 ～ 16分鐘。（水波爐前5分鐘設定一顆蒸氣，麵包會更柔軟。）

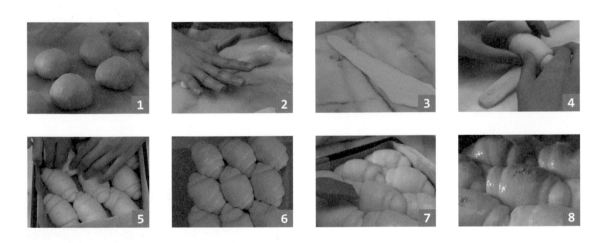

TIPS

這款麵包不能過度發酵，否則紋路會變得不明顯。

生吐司手撕包

生吐司的柔軟口感很受歡迎，連皮都是細軟的！製作吐司的難度較高，不如做成手撕包，還能節省不少時間。若家中沒有烤模也可以製作。

麵糰材料：

高筋麵粉⋯300g

冰水⋯100g

雞蛋⋯20g

鮮奶油⋯100g

砂糖⋯30g

酵母⋯3g

鹽巴⋯3g

裝飾：

蛋液⋯適量

使用：

SN5133
18×18cm 正方形烤模

作法：

1. 所有麵糰材料放入麵包機，啟動【⑬快速麵包麵糰】模式（包含揉麵＋一次發酵60分鐘）。

2. 取出麵糰，分割成9等份，排氣滾圓 **1**，休息10分鐘。

3. 再度排氣滾圓一次 **2**，放上烤模 **3** 或是放到烤盤裡 **4**。

4. 置於35℃左右室溫，發酵50分鐘。

5. **手撕包**：烤箱預熱190℃，入烤箱前，塗上一層蛋液 **5**，烘烤16分鐘（水波爐前5分鐘設定一顆蒸氣。）

   餐包：烤箱預熱200℃，入烤箱前，塗上一層蛋液 **6**，烘烤12分鐘（水波爐前5分鐘設定一顆蒸氣，出爐前4分鐘，上下烤盤對調、前後也要轉向。）

TIPS

餐包的烘烤時間比手撕餐包短，請大家要特別注意喔！

芒果乳酪餐包

夏天一定要將芒果跟麵包結合，不但顏色鮮艷，吃起來也香甜。這款芒果乳酪餐包，是用芒果製作成麵糰，完成後搭配新鮮芒果一起吃，口感豐富也很解膩喔！

麵糰材料：

高筋麵粉 200g

水…55g

芒果…80g

砂糖…20g

酵母…2g

鹽巴…2g

奶油…20g

奶油乳酪醬： **1**

奶油乳酪…120g

砂糖…40g

檸檬汁…3 ～ 5g

1

奶油乳酪醬作法：

奶油乳酪軟化之後，糖粉過篩，將所有材料攪拌均勻即可 **2**。

作法：

1. 所有麵糰材料放入麵包機，啟動【⑬快速麵包麵糰】模式（包含揉麵＋一次發酵60分鐘）。

2. 分割成6等份，排氣滾圓，休息10分鐘，拍平並包入約20 ～ 25g 的奶油乳酪醬 **3** **4**。

3. 之後進行二次發酵40 ～ 50分鐘 **5**。

4. 烤箱預熱190℃，麵糰撒上適量高筋麵粉 **6**，畫出紋路 **7**。

5. 烘烤11 ～ 12分鐘，就完成囉！（水波爐前5分鐘設定一顆蒸氣，麵包會更柔軟。）

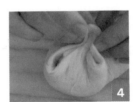

馬鈴薯培根餐包

這款麵包看似樸實，但卻非常美味。十分有飽足感的馬鈴薯泥與培根簡直絕配，很適合家中有正在快速長高的青少年喔！

麵糰材料：

高筋麵粉…500g

冰水…325g

砂糖…30g

酵母…5g

鹽巴…5g

奶油…35g

培根馬鈴薯泥材料：

煮熟馬鈴薯…330g

奶油…15g

鹽巴…適量

鮮奶…10g

培根…2條

其他：

莫札瑞拉起司…適量

乾燥巴西里葉…適量

TIPS

第一次做這款麵包的話，麵糰分量減半，會比較從容無壓力。

培根馬鈴薯泥作法：

1. 將馬鈴薯去皮，再切成薄片。

2. 切片之後，放入滾水中煮到軟。

3. 用篩網撈起馬鈴薯，去除水分，放入食物處理器，再加入奶油、鹽巴、鮮奶，之後將馬鈴薯泥攪拌到呈綿密的泥狀 。

4. 將煎好的培根丁  放入一起攪拌，就完成囉！

作法：

1. 所有麵糰材料放入麵包機，啟動【⑬快速麵包麵糰】模式（包含揉麵＋一次發酵60分鐘）。

2. 發酵好完成之後，分割成12等份，排氣滾圓，休息10分鐘 。

3. 將麵糰拍平，先放入起司 ，再放入30g 馬鈴薯泥 ，之後包好 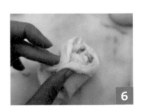 。

4. 置於35℃室溫，最後發酵50分鐘 ；烤箱預熱190℃。

5. 放入烤箱前，用剪刀剪出十字，並用剪刀將十字翻開 ，烘烤14分鐘。

6. 出爐後，撒上適量巴西里葉，就完成囉！

超澎湃手撕包

視覺效果滿分的超澎湃手撕包,是辣媽 YouTube 頻道的超級熱門影片。台式麵包大集合,一次滿足全家人挑剔的胃口。

麵糰材料:
高筋麵粉…500g
雞蛋…40g
冰水…280g
砂糖…55g
酵母…5g
鹽巴…5g
奶油…55g

奶酥餡料:
奶油…24g
糖粉…20g
雞蛋…6g
奶粉…30g

大蒜奶油餡料:
奶油…40g
蒜泥…6g
鹽巴…1g

蔥花餡料:
蔥花…40g
油…10g
鹽巴…1g
白胡椒…適量

菠蘿皮材料:
高筋麵粉…45g
糖粉…20g
雞蛋…12g
奶油…25g
奶粉…5g

TIPS

將奶酥、大蒜奶油、蔥花餡料的材料分別攪拌或混合均勻;菠蘿皮作法請參考 P.102。

其他:
肉鬆 + 美乃滋…適量
巧克力…適量

作法：

1. 除了奶油之外，所有麵糰材料放入麵包機，啟動【⑬快速麵包麵糰】，揉麵約10分鐘之後，再投入奶油。（包含揉麵20分鐘＋一次發酵60分鐘。）

2. 取出麵糰，分割成以下麵糰 **3**。
   30g 共15顆，直接先滾圓（全部鹹麵包）。
   40g 共8顆，滾圓（4顆奶酥，4顆巧克力）。
   35g 共4顆，滾圓（菠蘿麵包）。

3. 將30g 麵糰重新滾圓一次，烤盤前半盤，每一排各放入5個麵糰。

4. 取4個40g 麵糰，分別包入20g 的奶酥內餡 **4**。

5. 4個35g 麵糰，分別蓋上菠蘿皮 **5**。

6. 4個40g 麵糰，包入適量的巧克力。

7. 先擺放鹹口味麵糰，再擺放甜口味麵糰放到烤盤上 **6**，置於30℃左右室溫，發酵40～50分鐘。

8. 烤箱預熱190℃，入烤箱前，塗上一層蛋液，其中一排鹹麵糰剪開 **7**，擠上適量的大蒜奶油。再剪開另一排，鋪上適量的蔥花餡料。 **8**

9. 放入烤箱 **9**，總共烘烤13～15分鐘。

10. 待麵包冷卻後，將其中一個鹹口味麵包表面塗上適量美乃滋 **10**，放上適量肉鬆 **11**，就完成囉！

> **TIPS**
>
> 建議大家將甜口味集中其中一邊，鹹口味放另一邊，這樣才不會彼此干擾，味道混在一起。

愛睡小熊餐包

四隻熊熊非常俏皮，再畫上可愛的睡臉，看了十分療癒。因為製作過程稍微繁複，建議大家第一次嘗試時，先做四隻熊熊就好喔！

麵糰材料：

高筋麵粉…200g　　鹽巴…3g

水…70g　　　　　奶油…20g

鮮奶…44g

雞蛋…20g

砂糖…20g

酵母…2g

餡料：

巧克力…適量

裝飾：

鮮奶…適量

非調溫黑巧克力…適量

非調溫白巧克力…適量

作法：

1. 所有麵糰材料放入麵包機，啟動【⑬快速麵包麵糰】。（包含揉麵20分鐘＋一次發酵 60分鐘。）

2. 取出麵糰 ，53g×4個（頭部）、22g×4個（身體）、4g×4個（耳朵）、6g×8個（四 肢），排氣滾圓，休息10分鐘。

   （若有剩餘麵糰，可平均分配到其他麵糰，或直接將剩餘麵糰整成圓形，一起發酵。）

3. 53g 麵糰包入適量巧克力  ，22g 麵糰包入少一點的巧克力。4g 麵糰分割成兩等份， 收圓；6g 麵糰分割成兩等份，搓長。

4. 將熊熊組合好之後，麵糰間請留下適當距離   ，置於35 ～ 40℃左右室溫，發酵 40分鐘。

5. 烘烤之前，塗上適量的鮮奶 ，水波爐預熱180℃，烘烤14 ～ 15分鐘 。

6. 麵包放涼之後，用巧克力裝飾就完成囉！

TIPS

內餡可依照個人喜好變化，分量不宜過多，會讓小熊形狀不容易維持。

漢堡麵包

漢堡麵包是家中必備常備麵包,夾什麼配料都很適合。作法非常簡單,可以多做一些放在冰箱裡,隨時能取出變化成早午餐!

麵糰材料:

高筋麵粉…250g   鹽巴…2.5g

水…62g   奶油…25g

鮮奶…83g

雞蛋…25g

砂糖…25g

酵母…2.5g

其他:

蛋液…適量

白芝麻…適量

作法：

1. 所有麵糰材料放入麵包機，啟動【⑬快速麵包麵糰】模式（包含揉麵＋一次發酵60分鐘）。

2. 取出麵糰，分割成8等份 **1**，排氣滾圓，休息10分鐘。

3. 再次滾圓後，放入烤盤上，置於35℃左右室溫，發酵50 ～ 60分鐘。

4. 烤箱預熱200℃，麵包表面塗上蛋液 **2**，放上適量白芝麻 **3**。

5. 放入烤箱烘烤11 ～ 12分鐘，就完成囉！

TIPS

組成漢堡吃之前，建議將漢堡麵包從中間對切，在平底鍋煎至微酥，會更好吃喔！

鮮奶小圓餐包

小圓餐包是最基本款的麵包，而迷你的尺寸也很好烘烤，是烘焙新手的最佳選擇。我把表面加上一點割線設計，立刻讓麵包變得與眾不同。

麵糰材料：

高筋麵粉…500g

鮮奶…370g

砂糖…35g

酵母…5g

鹽巴…5g

無鹽奶油…35g

其他：

高筋麵粉…適量

作法：

1. 所有麵糰材料放入麵包機，啟動【⑬快速麵包麵糰】。（包含揉麵20分鐘＋一次發酵60分鐘。）

2. 取出麵糰，分割成16等份 **1**，排氣滾圓，休息10分鐘。

3. 再度滾圓，底部收緊 **2**。

4. 置於35 ～ 40℃左右室溫，發酵40 ～ 50分鐘 **3**。

5. 麵糰表面噴點水，撒上適量高筋麵粉、割線 **4** **5**。手輕輕扶著麵糰，稍微撐出一點表面張力 **6**。

6. 烤箱預熱210℃，烘烤13分鐘；使用其他烤箱需一盤一盤烤，時間約12分鐘。不要兩盤同時一起烤，烤溫請自行斟酌。

   （水波爐設定兩層烘烤，前5分鐘設定一顆蒸氣，5分鐘後關閉蒸氣，烘烤9分鐘後上下盤交換，前後掉頭。）

TIPS

- 若烤箱無法一次烘烤這麼多量，可以只做一半，將所有材料除以二即可。
- 如果一次只烘烤一盤，請將溫度降至 200℃，時間減少為 11 ～ 12 分鐘。

鮮奶油餐包

烘焙人最常用不完的食材之一，就是動物性鮮奶油。買小瓶價格不划算，買大瓶又擔心用不完。這道食譜是盡其所能地使用鮮奶油，多做幾次，鮮奶油就能輕鬆用完！

麵糰材料：

高筋麵粉…250g

水…65g

鮮奶油…130g

砂糖…20g

酵母…2.5g

鹽巴…3g

作法：

1. 所有麵糰材料放入麵包機 **1**，啟動【⑬快速麵包麵糰】。（包含揉麵20分鐘 **2** ＋一次發酵60分鐘。）

2. 在揉完麵糰時，如果有空可以將麵糰取出 **3**，整成圓形，再放回麵包機進行發酵 **4**。

3. 取出麵糰，分割成8等份，排氣滾圓，休息10分鐘。

4. 擀平之後捲起來 **5** **6**，置於35 ～ 40℃左右室溫，發酵60分鐘 **7**。

5. 烤箱預熱200℃，烘烤約11 ～ 12分鐘。若一次烘烤兩盤，建議用210℃烘烤12 ～ 13分鐘。

 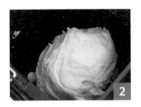  

  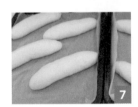

TIPS

▪ 使用大量鮮奶油製作的麵包，不需額外再加奶油。

▪ 鮮奶油麵糰比較容易不平整，建議發酵之前，可以先收圓，再進行一次發酵。

CHAPTER 4
古早味麵包

喜歡麵包的朋友，肯定有很多回憶是來自
於小時候的古早味。跟隨著書中的食譜，
一起找回記憶中讓人忘不掉的好滋味。

小布利

小布利是孩提時候的回憶，充滿濃濃的牛奶與雞蛋香氣。只需要一次發酵，為大家節省很多時間。這款食譜在粉絲專頁分享時，大獲好評！

麵糰材料：

高筋麵粉…150g　　酵母…2g

低筋麵粉…150g　　鹽巴…3g

奶粉…10g　　無鹽奶油…30g

水…95g

雞蛋…50g

砂糖…35g

其他：

無水奶油…適量

蛋液…適量

黑芝麻…適量

作法：

1. 所有麵糰材料放入麵包機，使用【㉑揉麵糰】。選擇行程 ➡ 揉麵約20分鐘。

2. 取出麵糰，排氣滾圓 **1**，休息5分鐘，分割成15等份 **2**，滾圓休息10分鐘。

3. 搓成水滴狀 **3**，15個都完成之後，取第一個稍微搓長一點 **4**，擀成水滴狀 **5**，捲起來 **6**。

4. 置於溫度35～40℃左右室溫，發酵30～40分鐘。

5. 塗上蛋液，撒上適量黑芝麻 **7**。烘烤前，麵糰旁邊放入適量的無水奶油（若沒有請忽略）。

6. 水波爐：兩盤190℃，烘烤約17分鐘。約第12分鐘的時候，可以將麵糰取出，塗上融化的無水奶油，再繼續烘烤。

7. 出爐之後，可以再補上一點點無水奶油（可忽略）**8**，就完成了。

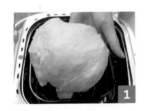

TIPS

- 無水奶油可以讓小布利外皮更加酥脆美味。
- 隔天要吃的話，建議用180℃回烤5分鐘，就可以恢復酥脆口感。

巧克力小布利

因為原味太受歡迎,接著嘗試了「巧克力小布利」。
小布利的麵糰比一般麵包乾一點,整形時一點都不黏
手,輕鬆就能完成。巧克力口味更是香醇好吃呢!

麵糰材料:

高筋麵粉…150g　　酵母…2g
低筋麵粉…140g　　鹽巴…3g
無糖可可粉…10g　　無鹽奶油…35g
雞蛋…50g
鮮奶…110g
砂糖…35g

內餡:

巧克力…適量

裝飾:

無水奶油…適量(沒有可忽略)
白芝麻…適量
蛋液…適量

作法：

1. 所有麵糰材料放入麵包機，使用【㉑揉麵糰】。選擇行程 ➡ 揉麵約20分鐘。

2. 取出麵糰，排氣滾圓，休息5分鐘，分割成15等份，滾圓再休息10分鐘。

3. 搓成水滴狀 **1**，15個都完成之後，取第一個稍微搓長一點，擀成水滴狀，放入適量的巧克力 **2**，捲起來。

4. 置於35 ～ 40℃左右室溫，發酵30 ～ 40分鐘。

5. 塗上蛋液，撒上適量白芝麻。烘烤前，麵糰旁邊放入適量的無水奶油 **3**（若沒有請忽略）。

6. **水波爐：**兩盤190℃，烘烤約17分鐘。約第12分鐘的時候，可將麵糰取出，塗上融化的無水奶油，再繼續烘烤。

7. 出爐後，可以再補上一點點無水奶油（可忽略），就完成了。

TIPS

- 建議先做原味小布利，再做巧克力小布利，會比較知道如何抓烤溫。

- 如果小布利吃起來偏乾，該怎麼辦呢？小布利口感原本就略微扎實，但不至於太乾。我猜可能是因為麵粉不一樣，讓麵糰狀態不同。不妨試著加一點點水，或是注意烘烤時間，盡量不要超過食譜中的時間，應該就可以改善。

抹茶小布利

總覺得可以挑戰不同口味，於是嘗試了抹茶口味。抹茶加了白巧克力之後，更提升了麵包的風味與層次。完整步驟，可以參考原味小布利 P.88。

麵糰材料：

高筋麵粉…150g

低筋麵粉…142g

無糖抹茶粉…8g
（書中使用靜岡抹茶）

雞蛋…50g

鮮奶…110g

砂糖…35g

酵母…2g

鹽巴…3g

無鹽奶油…35g

內餡：

白巧克力…適量

裝飾：

無水奶油…適量（沒有可忽略）

白芝麻…適量

蛋液…適量

作法：

1. 所有麵糰材料放入麵包機，使用【㉑揉麵糰】。選擇行程 ➡ 揉麵約20分鐘。

2. 取出麵糰，排氣滾圓，休息5分鐘，分割成15等份，滾圓再休息10分鐘。

3. 搓成水滴狀，15個都完成之後，取第一個稍微搓長一點，擀成水滴狀，包入適量的白巧克力，捲起來。

4. 置於35 ～ 40℃左右室溫，發酵30 ～ 40分鐘。

5. 塗上蛋液，撒上適量白芝麻。烘烤前，麵糰旁放入適量的無水奶油（若沒有請忽略）。

6. **水波爐：**兩盤190℃，烘烤約17分鐘。約第12分鐘的時候，可以將麵糰取出，塗上融化的無水奶油，再繼續烘烤。

7. 出爐後，再補上一點點無水奶油（可忽略），就完成了。

TIPS

▪ 無水奶油可以讓小布利更加酥脆好吃，沒有請直接忽略，不建議用無鹽奶油取代。。

▪ 隔天要吃的話，建議用 180℃回烤 5 分鐘，就可以恢復酥脆口感。

奶酥花圈麵包

奶酥麵包是台式麵包中的經典。如果造型上再多點變化，就會更加吸睛。這款奶酥麵包，內餡分布均勻，吃起來不會太甜膩，加上華麗的花圈造型，是非常受歡迎的麵包喔！

麵糰材料：

高筋麵粉⋯300g

雞蛋⋯30g

水⋯160g

砂糖⋯25g

酵母⋯3g

鹽巴⋯3g

奶油⋯20g

奶酥材料：

無鹽奶油⋯45g

糖粉⋯38g

鹽巴⋯少許

蛋液⋯12g

奶粉⋯55g

奶酥粒材料：

軟化奶油⋯30g

糖粉⋯30g

低筋麵粉⋯60g

作法：

低筋麵粉＋糖粉過篩之後，攪拌均勻。放入軟化奶油稍微攪拌一下，最後用手抓成顆粒狀，即完成。

裝飾：

蛋液⋯適量

杏仁片⋯適量

奶酥作法：

1. 奶油打軟與糖粉一起攪拌均勻，加入鹽巴繼續攪拌均勻。

2. 加入蛋液攪拌均勻。

3. 最後加入奶粉攪拌均勻，就可以馬上使用。若不馬上使用，記得放進冰箱。

4. 如果有食物處理器，可以將所有材料放入，攪拌均勻即可。

作法：

1. 所有麵糰材料放入麵包機，啟動【⑬快速麵包麵糰】模式（包含揉麵＋一次發酵60分鐘）**1**。

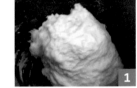

2. 取出麵糰，分成4等份 **2**，排氣滾圓，休息10分鐘。

3. 擀成20×30cm 長方形，抹上奶酥餡 **3**，由兩側往中間交疊之後 **4**，從中間切開 **5**，再綁辮子 **6**，最後頭尾接起來 **7** **8**。

4. 置於35℃左右室溫，發酵40分鐘 **9**。

5. 烤箱預熱190℃，塗上蛋液，撒上奶酥粒與杏仁片，烘烤14分鐘就完成囉！

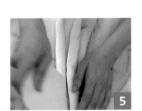

冰心維也納

冰心維也納麵包是團購熱門商品，吃起來很柔軟，內餡是冰冰甜甜的奶油，讓人忍不住一口接一口。不但作法簡單，還能選用自己安心的食材來製作。

麵糰材料：

高筋麵粉…280g　　鹽巴…3g

低筋麵粉…20g　　奶油…35g

鮮奶…100g

冰水…100g

砂糖…30g

酵母…3g

冰心奶油餡：

發酵奶油…150g

煉乳…60g

糖粉…15g

作法：

將所有材料混合均勻，用打蛋器打到泛白，之後放入冰箱冷藏備用。

作法：

1. 所有麵糰材料放入麵包機，啟動【⑬快速麵包麵糰】模式（已包含揉麵＋一次發酵60分鐘）。

2. 取出麵糰，分割成8等份，排氣滾圓，休息10分鐘 **1**。

3. 取其中一個麵糰，擀成橢圓形 **2**，接著捲起來 **3**，收口捏緊，在麵糰表面畫出幾道紋路 **4**。

4. 置於35℃左右室溫，發酵50分鐘 **5**。

5. 烤箱預熱200℃，烘烤12 ～ 13分鐘，麵包上色之後即可。

6. 麵包放涼後，從側面剖開，塗抹上適量的奶油餡 **6**，就完成囉！

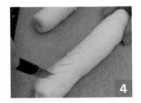

TIPS

- 作法 3 中的紋路，可依照個人喜好決定條紋多寡。
- 抹上餡料之後，建議要入冷藏保存。

芋泥肉脯麵包

芋泥跟肉脯是絕配,甜甜鹹鹹十分對味。就像奶酥與肉鬆一樣,都可以擦撞出美味的火花。

麵糰材料:
高筋麵粉…300g
鮮奶…66g
水…130g
砂糖…20g
鹽巴…3g
奶油…20g
酵母…3g

內餡:
芋泥餡…約240g
肉脯…適量

其他:
莫札瑞拉起司…適量

芋泥餡:
蒸熟的芋頭…200g
奶油…16g
砂糖…25g

芋泥作法：

1. 芋頭去皮，切成塊狀後蒸熟 。

2. 趁熱與其他材料混合均勻。可用食物處理器，或麵包機的揉麵功能來拌勻 。

作法：

1. 所有麵糰材料放入麵包機，啟動【⑬快速麵包麵糰】模式（已包含揉麵＋一次發酵60分鐘）。

2. 取出麵糰，分成3等份 ，排氣滾圓，休息10分鐘。

3. 擀成20×25cm 長方形 ，包入芋泥餡  以及肉脯 ，捲起來 。

4. 置於35℃左右室溫，發酵50分鐘，撒上莫札瑞拉起司 。

5. 烤箱預熱200℃，烘烤15 ～ 17分鐘就完成囉！

TIPS

放肉脯時絕對不要客氣，放太少就沒有鹹甜對抗的感覺了。

花生夾餡麵包

這是大家的兒時回憶，令人懷念的古早味麵包，自己打的新鮮奶油餡無敵好吃，做過之後，就會吃不習慣外面買的了！

麵糰材料：

高筋麵粉…200g
全麥麵粉…50g
湯種…85g
水…105g
砂糖…20g
酵母…2.5g

奶油…15g
鹽巴…3g

湯種：

高筋麵粉…25g
水…125g

其他：

蛋液…適量
無糖花生粉…適量

奶油餡：

發酵奶油…80g
糖粉…40g

作法：

將所有材料混合均勻，用打蛋器打到泛白即可。

湯種作法：

湯種材料全部混合均勻，上爐火一邊煮一邊攪拌，直到呈現糊狀 **1**。冷卻後入冰箱冷藏，隔天再使用。（隔天會讓麵糊更融合，麵粉香氣更濃郁。）

作法：

1. 所有麵糰材料放入麵包機，啟動【⑬快速麵包麵糰】（包含揉麵＋一次發酵60分鐘）。

2. 將麵糰分成8等份後 **2**，排氣滾圓，休息10 ～ 15分鐘。

3. 擀成橢圓形 **3**，捲起來 **4**，底部收好 **5**。

4. 置於35℃室溫，發酵60分鐘。

5. 烤箱預熱190℃，麵包上塗抹適量蛋液 **6**。

6. 之後烘烤11分鐘，即完成。

7. 麵包放涼後，切成對半 **7**，塗抹上適量奶油餡 **8**，將兩個半邊黏合，外圍再塗上適量奶油餡，裹上花生粉 **9** 就完成囉！

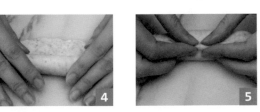
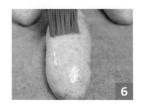

TIPS

湯種建議在製作後的三天內使用完畢。

菠蘿麵包

菠蘿麵包是家裡最受歡迎的麵包之一，孩子們就愛甜甜香香的外皮，內裡蓬鬆又柔軟。麵包書裡，怎麼可以缺少這款呢？

菠蘿皮麵糰：

低筋麵粉…100g

糖粉…50g

雞蛋…24g

奶油…50g

奶粉…10g

麵包麵糰：

高筋麵粉…250g

水…165g

砂糖…25g

酵母…2.5g

鹽巴…3g

奶油…25g

其他：

蛋液…適量

TIPS

▪ 菠蘿麵包發酵時，不建議使用蒸氣。

▪ 水波爐內側上色比較快，在烘烤菠蘿麵包的時候特別明顯，所以會建議早一點轉方向，烤色才會比較均勻。

菠蘿皮作法：

1. 奶油打軟與糖粉用打蛋器打到均勻。

2. 加入雞蛋攪拌均勻。

3. 最後加入奶粉、過篩的低筋麵粉，壓成麵糰 **1**，再用保鮮膜包起來，塑形成圓柱狀 **2**。

4. 放進冰箱冷藏30分鐘，要使用時再從冰箱取出。之後分成8等份 **3**。

作法：

1. 所有麵糰材料放入麵包機，並且啟動【⑬快速麵包麵糰】。

2. 麵糰分割成8等份，排氣滾圓 **4**，休息10分鐘，再度排氣滾圓 **5**。

3. 取一份菠蘿皮隔著保鮮膜擀平、壓平 **6**，麵糰重新滾圓一次後，蓋上菠蘿皮 **7**，包好 **8**。

4. 用刮板畫出紋路 **9**，放到烤盤上 **10**。

5. 進行二次發酵50 ～ 60分鐘，塗上蛋液 **11**。

6. 烤箱預熱200℃，烘烤約12 ～ 13分鐘完成。建議在第7分鐘的時候轉向。

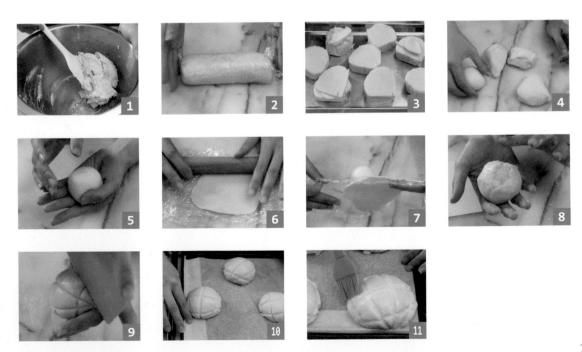

CHAPTER 5
創意潮流麵包

經過前面的基礎款麵包練習後,我們可以
開始製作進階一點的麵包。挑戰美味、視
覺還有潮流兼具的麵包。與家人一起享用
或送禮都非常適合,讓你做麵包越來越有
成就感。

香蒜奶油乳酪麵包

這款麵包曾在美式大賣場掀起一陣熱潮，總是被搶購一空。賣場會特地回烤麵包，因為奶油乳酪加熱後爆漿的模樣，看起來超級誘人。

麵糰材料：

高筋麵粉…250g

鮮奶…88g

水…85g

砂糖…20g

酵母…2.5g

鹽巴…3g

奶油…18g

大蒜奶油：

無鹽奶油…30g（事先軟化）

大蒜…8g

鹽巴…1.5g

作法：

攪拌均勻，放入擠花袋。

奶油乳酪醬：

奶油乳酪…120g
（事先軟化）

糖粉…40g

作法：

攪拌均勻，放入擠花袋。

其他：

巴西里葉…適量

作法：

1. 所有麵糰材料放入麵包機，啟動【⑬快速麵包麵糰】模式（包含揉麵＋一次發酵60分鐘）。

2. 取出麵糰，分割成8等份 **1**，排氣滾圓，休息10分鐘。

3. 取其中一個麵糰，擀成長方形 **2**，兩邊往中間折 **3**，之後再對折，黏起來 **4**。

4. 放到烤盤上 **5**，置於35～40℃左右室溫，發酵40～50分鐘。

5. 烤箱預熱200℃，進烤箱之前，在麵糰上畫一條線 **6**，擠上適量的大蒜奶油 **7**，烘烤12分鐘。

6. 麵包放涼後，從中間切開，擠上適量的奶油乳酪醬以及巴西里葉 **8**。入小烤箱以180℃回烤2～3分鐘，不燙口之後，即可享用。

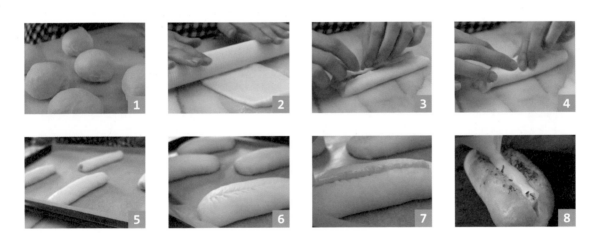

TIPS

享用之前記得放入烤箱回烤，會更好吃喔！

鮮奶哈斯

鮮奶哈斯可以有好多種變化，沒有內餡時，可當作一般白吐司，夾入火腿與雞蛋做成三明治。也可以在整形時，包入起司等各種餡料，單吃就能享受到最原始的美味。

麵糰材料：	餡料：	裝飾：
高筋麵粉…500g	起司片…適量	麵粉…適量
鮮奶…132g		
水…210g		
砂糖…40g		
酵母…5g		
鹽巴…5g		
奶油…40g		

作法：

1. 所有麵糰材料放入麵包機，啟動【⑬快速麵包麵糰】模式（包含揉麵＋一次發酵60分鐘）。

2. 將麵糰分成8等份後 1，排氣滾圓休息10～15分鐘。

3. **原味**：擀成長方形，約25×10cm 2，左右麵糰往中間折，最中間要有點交疊 3，捲起來 4。

   起司口味：擀成長方形，約25×10cm 2，放入起司 5，將左右麵糰往中間折 6，捲起來 7。

4. 置於35℃室溫，發酵60分鐘 8。

5. 烤箱預熱190℃，在麵包上噴點水，撒上麵粉，用畫刀割出5道痕跡 9。

6. 入烤箱烘烤13分鐘，即完成！

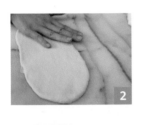

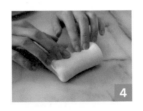
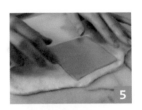

TIPS

起司口味也可加入一點蔥花，讓口感更豐富。

巧克力哈斯

加了優格的麵糰，多了點不同的香氣又柔軟。這麵包非常的濃郁好吃，我很喜歡麵糰滿滿的可可香氣，還有苦甜巧克力的味道，嚐起來別有一番風味。

麵糰材料：

高筋麵粉…270g　　奶油…35g

無糖可可粉…30g　　鹽巴…3g

原味優格…80g

水…135g

砂糖…40g

酵母…3g

其他：

苦甜巧克力…60g
（每一份20g）

裝飾：

麵粉…適量

作法：

1. 所有麵糰材料放入麵包機，啟動【⑬快速麵包麵糰】模式（包含揉麵＋一次發酵60分鐘）。

2. 取出麵糰，分割成3等份，排氣滾圓 **1**，休息10分鐘。

3. 將巧克力切碎 **2**。取其中一個麵糰，擀成長25cm，寬約15cm。

4. 在中間的位子上撒12g的巧克力 **3**，左右往中間折之後 **4**，再放上剩餘的8g巧克力 **5**，對折將收口捏緊 **6**。

5. 放到烤盤上，置於35℃室溫，發酵約40～50分鐘 **7**。

6. 發酵好之後，烤箱預熱190℃，撒上麵粉 **8**，割出4～5道紋路 **9**，放入烤箱烤約14～15分鐘，就完成囉！

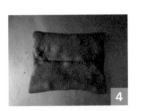

TIPS

如果有購買小顆的水滴狀巧克力，則不需要切碎。

阿薩姆哈斯

大受歡迎的鮮奶哈斯麵包，延伸出不同的變化，這款充滿茶香的麵包，吃起來清新中帶點濃郁，特別美味。

麵糰材料：

高筋麵粉…290g

阿薩姆茶粉…10g

水…190g

砂糖…25g

酵母…3g

奶油…25g

鹽巴…3g

餡料：

巧克力豆…適量

裝飾：

麵粉…適量

TIPS

整形方式可以參考鮮奶哈斯 P.108。

112

作法：

1. 所有麵糰材料放入麵包機，啟動【⑬快速麵包麵糰】模式（包含揉麵＋一次發酵60分鐘）。

2. 將麵糰分成4等份後，排氣滾圓，休息10 ～ 15分鐘。

3. 擀成長方形，約25×10cm，放入適量的巧克力，將麵糰左右往中間折，再放入適量巧克力。最中間要有點交疊，捲起來。

4. 置於35℃室溫，發酵60分鐘。

5. 烤箱預熱190℃，麵包上噴點水，撒上麵粉，割出5道紋路。

6. 烘烤14 ～ 15分鐘，即完成！

原味蝴蝶結麵包

蝴蝶結麵包是超高人氣款的麵包,有一陣子席捲整個社群媒體,讓我也忍不住趕流行想嘗試看看。做完之後,不禁讚嘆真的太可愛了!

高筋麵粉…300g

鮮奶…77g

水…120g

砂糖…25g

鹽巴…3g

酵母…3g

奶油…20g

裝飾:

麵粉…適量

TIPS

蝴蝶結麵包最後發酵時間不需要太長,這樣形狀才可以更明顯。

作法：

1. 所有麵糰材料放入麵包機，啟動【⑬快速麵包麵糰】模式（包含揉麵＋一次發酵60分鐘）**1**。

2. 取出麵糰，分成9等份 **2**，排氣滾圓，休息10分鐘。

3. 擀成11cm 圓形 **3**，以下分成三種做法：

   夢幻蝴蝶結：麵糰分割成如 **4** 的形狀，將左邊中間的麵糰往上抬起，上下麵糰往中間靠 **5**，再放上中間的麵糰。一樣的步驟完成右邊。再將長條形繞一圈 **6**，就完成了。

   優雅蝴蝶結：麵糰分割成 **7** 的形狀，將左邊中間的麵糰往上抬起 **8**，上下麵糰往中間靠 **9**，再放上中間的麵糰。一樣的步驟完成右邊。再將長條形繞一圈 **10**，就完成了。

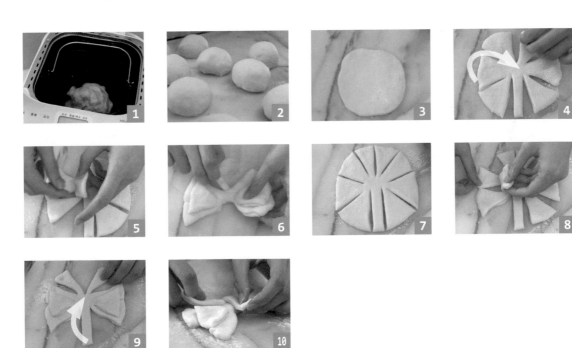

紳士蝴蝶結： 麵糰分割成  的形狀，將小麵糰疊在大麵糰上 ，再將長條形繞一圈 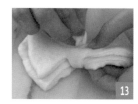，就完成了。

4. 置於35℃左右室溫，發酵40分鐘 。

5. 進爐前噴點水，撒上適量的麵粉。這款麵包整形會花比較久的時間，兩盤麵包完成時間不同，建議分開烘烤。

6. 烤箱預熱200℃，烘烤11分鐘，就完成囉！

巧克力蝴蝶結麵包

原味蝴蝶結麵包的巧克力姊妹款！一樣有漂亮的造型，調整過後的巧克力口味也不會過甜，大人小孩都喜歡呢！

麵糰材料：
高筋麵粉…235g
可可粉…15g
鮮奶…88g
水…85g
砂糖…30g
酵母…2.5g

鹽巴…3g
奶油…18g

其他：
巧克力…適量

裝飾：
麵粉…適量

作法:

1. 所有麵糰材料放入麵包機,啟動【⑬快速麵包麵糰】模式(包含揉麵+一次發酵60分鐘)。

2. 取出麵糰,分成8等份,排氣滾圓,休息10分鐘。

3. 擀成11cm圓形,整形方式請參考原味蝴蝶結麵包 P.114(但麵糰堆疊時,可放入適量巧克力)。

4. 置於35℃左右室溫,發酵40分鐘。

5. 進爐前噴點水,撒上適量的麵粉。因為這款整形會花比較久的時間,兩盤麵包完成時間不同,建議分開烘烤。

6. 烤箱預熱190℃,烘烤11 ～ 12分鐘,即完成。

地瓜捲麵包

這款麵包可以很容易地呈現美美的造型和烤色,做起來讓人特別開心,也很有成就感。只要抓好地瓜內餡的恰當比例,吃起來就不會膩口。

麵糰材料:
高筋麵粉…200g
雞蛋…30g
水…95g
砂糖…20g
鹽巴…2.5g
酵母…2g
奶油…20g

地瓜餡料:
地瓜泥…100g
砂糖…10g
奶油…10g

其他:
蛋液…適量
杏仁片…適量

作法：

1. 所有麵糰材料放入麵包機，啟動【⑬快速麵包麵糰】模式（包含揉麵＋一次發酵60分鐘）。

2. 取出麵糰，分割成2等份，排氣滾圓，休息10分鐘。

3. 擀成15×20cm長方形 **1**，抹上適量的地瓜餡料 **2**，捲起來 **3** **4**。

4. 從中間切開之後 **5**，綁成辮子狀 **6**，放在烤盤上 **7**。

5. 置於35℃左右室溫，發酵50～60分鐘。

6. 烤箱預熱200℃，麵包表面塗上蛋液 **8**，放上適量的杏仁片 **9**。烘烤12分鐘，就完成囉！

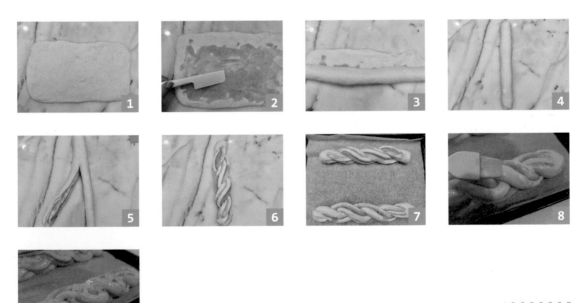

TIPS

無論黃地瓜、紅地瓜都適用。餡料也可替換成芋頭餡或奶酥餡！

毛毛蟲葡萄乾麵包

這篇要跟大家介紹冷藏發酵法,將麵包的製作過程分開,而不是一氣呵成。對時間比較瑣碎的媽媽們而言,做麵包時會更有彈性。

麵糰材料:

高筋麵粉… 250g

水…165g

砂糖…25g

酵母…2.5g

鹽巴…3g

奶油…25g

投料:

葡萄乾…50g

其他:

蛋液…適量

作法:

1. 所有麵糰材料放入麵包機,啟動【㉑揉麵糰】模式 ➡【高速】。20分鐘行程完成後,投入葡萄乾 **1**,再度啟動【㉑揉麵糰】 ➡【中速】3分鐘,確定葡萄乾均勻分布在麵糰裡即可。

2. 取出麵糰，簡單收圓，放在已經抹上薄薄一層油的保鮮盒裡 **2**，蓋上蓋子。入冰箱冷藏 8 ～ 12 小時。

3. 麵糰已經長大了，從冰箱將麵糰取出保鮮盒 **3**，分割成 6 等份，分別滾圓休息 20 ～ 30 分鐘 **4**。

4. 取一個麵糰擀成橢圓形 **5**，翻面捲起來 **6**，收口捏緊 **7**。

5. 剪刀上噴點水，將麵包剪出 5 刀。 **8**

6. 置於 35℃ 室溫，發酵 50 ～ 60 分鐘。

7. 塗上適量蛋液 **9**，烤箱預熱 200℃，烘烤約 12 分鐘，就可以出爐囉！

  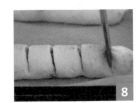 

TIPS

- 採用冷藏發酵法，可在當天早上揉完麵，放入冰箱冷藏，下班回來後就能直接整形，晚上只需要一個半小時完成麵包。例如，早上 7：10 揉完麵，晚上 7：10 做整形。也可依照自己的時間彈性調整：像是晚上揉麵，隔天早上起床之後再整形。

- 若擔心一早起來投料很匆忙，建議前一天晚上，先將乾性材料量秤好放在一個罐子裡面（切記，酵母不要跟鹽巴接觸），奶油先切好。隔天早上只需要量秤水分，可以節省很多時間。

- 也可試用在其他款麵包上。建議先從簡單的小餐包開始，不建議直接做冷藏發酵吐司，吐司難度會比較高，特別是最後的發酵很難掌控。

香蒜帕瑪森

這是教學影片中最受歡迎的一款麵包，濃濃蒜香、口感柔軟，堪稱是台式麵包的經典。最棒的是作法非常簡單，輕輕鬆鬆就能上手！

麵糰材料：

高筋麵粉…500g

雞蛋…50g

水…280g

砂糖…30g

酵母…5g

鹽巴…5g

奶油…35g

大蒜奶油：（奶油會有剩）

奶油…80g

蒜泥…12g

鹽巴…1.5g

作法：

全部材料放入塑膠袋中，均勻揉合即可。

其他：

帕瑪森起司粉…適量

巴西里葉…適量

作法：

1. 所有麵糰材料放入麵包機，啟動【⑬快速麵包麵糰】模式（包含揉麵＋一次發酵60分鐘）。

2. 取出麵糰，分割成6等份 ，排氣滾圓，休息10分鐘。

3. 取其中一個麵糰，擀成長方形 ，捲起來 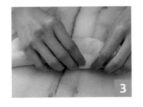。

4. 噴點水，沾上帕瑪森起司粉 。

5. 置於35～40℃左右室溫，發酵60分鐘。

6. 烤箱預熱190℃，入烤箱前用麵糰刀割出一條線，擠上大蒜奶油 。烘烤約15分鐘。

7. 出爐後，撒上適量巴西里葉作裝飾 。

TIPS

水波爐有兩層烘烤的功能，其他烤箱建議一盤一盤烤，不要兩層一起烤喔！

草莓煉乳麵包

草莓季一定要做的麵包，加上甜甜香香的煉乳奶油餡，超高顏值的麵包，怎麼看都覺得好美、好療癒。麵包體細細長長的，非常容易入口。

麵糰材料：

高筋麵粉⋯300g

雞蛋⋯50g

水⋯140g

砂糖⋯30g

酵母⋯3g

奶油⋯40g

鹽巴⋯4g

煉乳奶油餡：

發酵奶油⋯100g

煉乳⋯40g

糖粉⋯10g

作法：

所有材料混合均勻，用打蛋器打到泛白，放入擠花袋裡備用。 **1**

其他：

新鮮草莓⋯適量（需切片）

糖粉⋯適量

1

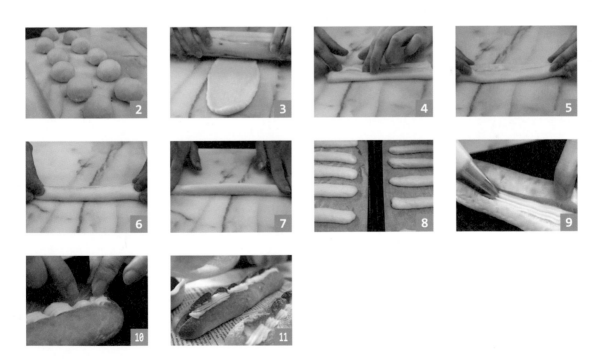

作法：

1. 所有麵糰材料放入麵包機，啟動【⑬快速麵包麵糰】模式（包含揉麵＋一次發酵60分鐘）。

2. 將麵糰分成11等份 **2**，排氣滾圓，休息10 ～ 15分鐘。

3. 擀成橢圓形 **3**，將兩邊往中間對折 **4**，把底部收好 **5** **6**，休息一下，再度搓長至約25cm **7**。

4. 置於35℃室溫，發酵40分鐘 **8**。

5. 烤箱預熱210℃，之後烘烤9分鐘即完成！

6. 麵包放涼後，從中間切開，擠上煉乳餡 **9**，放上草莓即可 **10**。

7. 最後撒上一點點糖粉 **11**，就完成囉！

起司乳酪條

起司乳酪條是我以前很喜歡在麵包店購買的麵包，細細長長的，很容易入口，加上濃濃起司香的內餡，真的非常好吃。

麵糰材料：

高筋麵粉…250g

雞蛋…20g

水…145g

砂糖…25g

酵母…2.5g

鹽巴…3g

奶油…20g

內餡：

奶油乳酪…適量

裝飾：

莫札瑞拉起司…適量

蛋液…適量

作法：

1. 所有麵糰材料放入麵包機，啟動【⑬快速麵包麵糰】模式（包含揉麵＋一次發酵60分鐘）。

2. 取出麵糰，分割成7等份，排氣滾圓，休息10分鐘 **1**。

3. 將麵糰擀長捲起來 **2**，7個做好之後，再拿第一條搓成長條狀、擀平 **3**，包入適量的奶油乳酪 **4**，捲起來 **5**。

4. 置於35～40℃左右室溫 **6**，發酵50分鐘。

5. 塗上蛋液 **7**，撒上適量的起司。

6. 若一次烤兩盤請用210℃，烘烤約13分鐘 **8**；單盤烤則用200℃烤10分鐘。（其他烤箱請用單盤烘烤。）

  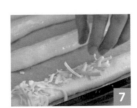 

菇菇麵包

享用早餐時，偶爾也會想吃點鹹的口味吧？這款放滿菇菇的麵包，飽足均衡又健康，稍微回烤一下就會香氣四溢，一不小心就會一口接一口呢！

麵糰材料：	餡料：	其他：
高筋麵粉…180g	橄欖油…適量	起司…適量
全麥麵粉…20g	雪白菇…一包	
冰水…133g	鴻喜菇…一包	
砂糖…10g	洋蔥…1/2顆	
酵母…2g	培根…3片	
鹽巴…3g	黑胡椒…適量	
奶油…6g	鹽巴…適量	

作法：

1. 所有麵糰材料放入麵包機，啟動【⑬快速麵包麵糰】模式（包含揉麵＋一次發酵60分鐘）。

2. 趁發酵時製作餡料：

   ❶ 兩種菇類去蒂頭之後剝成小塊 **1**，洋蔥切絲，培根剪成小塊備用。

   ❷ 取一個炒鍋，放入適量的橄欖油，將雪白菇與鴻喜菇炒香。

   ❸ 放入洋蔥炒至半透明狀。

   ❹ 加入培根煎至產生香氣 **2**，用鹽巴與黑胡椒調味，就完成了。

   ❺ 放涼備用。

3. 取出麵糰，分割成3等份 **3**，排氣滾圓，休息15分鐘。

4. 輕拍麵糰，翻面之後放入適量的餡料與起司 **4**，捲起來。

5. 置於35℃左右室溫，發酵50分鐘。

6. 發酵好之後，將麵糰表面畫一刀 **5**，露出裡面的內餡。

7. 烤箱預熱190℃，入烤箱烘烤16～18分鐘。

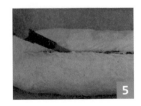

TIPS

隔天要吃的時候，可以在麵包表面放上更多菇菇餡料，撒上適量的起司，用烤箱回烤到起司上色，就能享用了！

鮮奶乳酪丁麵包

這款麵包的造型搶眼又討喜，內餡有高融點乳酪，一口咬下，有滿滿的奶香和乳酪香，是最受孩子們歡迎的口味。

麵糰材料：

高筋麵粉…250g

雞蛋…30g

水…125g

砂糖…25g

酵母…2.5g

鹽巴…3g

奶油…20g

內餡：

高融點乳酪…適量

裝飾：

帕瑪森起司粉…適量

蛋液…適量

作法：

1. 所有麵糰材料放入麵包機，啟動【⑬快速麵包麵糰】模式（包含揉麵＋一次發酵60分鐘）。

2. 將麵糰分成8等份後，排氣滾圓，休息10～15分鐘。

3. 擀成長方形，放上適量高融點乳酪 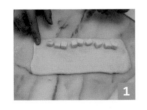，捲起來 ，收口黏緊 。

4. 其中一端用擀麵棍擀平 ，頭尾再接起來 。

5. 置於35℃室溫，發酵60分鐘。

6. 烤箱預熱190℃，塗上蛋液 ，撒上適量起司粉 ，並用剪刀  剪出8等份 。

7. 入烤箱烘烤11～12分鐘，即完成。

TIPS

內餡也可以換上不同餡料，這樣八個麵包都可以有不同口味，任家人挑選。

燻雞肉起司麵包

鹹口味麵包是我們家最受歡迎的，有肉有蔬菜，滿滿的飽足感又十分健康。烤過的洋蔥帶點甜味，和燻雞肉非常搭，建議可以多放一點。

麵糰材料：▷

高筋麵粉…250g
雞蛋…30g
水…130g
砂糖…18g
酵母…2.5g
鹽巴…3g
奶油…15g

內餡：▷

燻雞肉…160g
洋蔥…半顆
鹽巴…適量
黑胡椒…適量
橄欖油…適量

整形：▷

帕瑪森起司粉…適量

TIPS

▪ 燻雞肉通常在大賣場比較容易購買，保存期限也不短，為了方便可以一次多買幾包。

▪ 除了做這款麵包之外，也可以將內餡放在 Pizza 麵糰上，再撒上起司，做成燻雞肉口味 Pizza。

內餡作法：

1. 洋蔥去皮切絲，放入鍋子裡面，用適量的橄欖油炒出香氣與甜味 **1**，加入鹽巴與黑胡椒調味便可起鍋。

2. 燻雞肉撕成細絲，拌入炒好的洋蔥絲，即完成 **2**。

作法：

1. 所有麵糰材料放入麵包機，啟動【⑬快速麵包麵糰】模式（包含揉麵＋一次發酵60分鐘）。

2. 取出麵糰，分割成6等份，排氣滾圓，休息10分鐘。

3. 取一個麵糰，擀出四個長邊 **3** **4**，包入約40g的內餡 **5** **6** **7**。

4. 置於35～40℃左右室溫，發酵50～60分鐘 **8**。

5. 烤箱預熱190℃，趁預熱的時候，麵糰表面噴水，撒上適量的起司粉，用剪刀剪出十字 **9**。

6. 入烤箱烘烤14分鐘，即完成。

   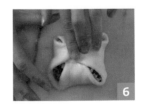

蘋果乳酪麵包

這款麵包可甜可鹹，造型又吸睛特別。蘋果乳酪這樣搭配很好吃，奶油乳酪與蘋果一起吃，時而清爽時而濃郁，可以嚐鮮試看看喔！

麵糰材料：
高筋麵粉⋯200g
雞蛋⋯35g
水⋯90g
砂糖⋯25g
酵母⋯2g
鹽巴⋯3g
奶油⋯25g

甜餡料：
奶油乳酪⋯120g
糖粉⋯40g
蘋果片⋯適量

作法：
將奶油乳酪與糖粉攪拌均勻，即可。**1**

鹹餡料：
番茄糊⋯適量
火腿⋯適量
起司⋯適量

其他：
蛋液⋯適量
（麵糰剩下的雞蛋）

TIPS

也可以依個人喜好，任意換成自己喜歡的餡料！

作法：

1. 所有麵糰材料放入麵包機，啟動【⑬快速麵包麵糰】模式（包含揉麵＋一次發酵60分鐘）。

2. 分割成6等份，滾圓休息10分鐘 2 。

3. 取其中一個麵糰，擀成約11cm大小的圓形 3 ，使用約9cm左右的圓形圈模 4 ，壓出圓形。

4. 將外圈的麵糰，分割成2或3等份 5 6 ，之後搓長成20～25cm的長度 7 ，再綁辮子。兩條辮子如 8 ，三條辮子如 9 。

5. 辮子繞一圈，放到圓形麵糰上方 10 。

6. 置於35℃室溫，進行最後發酵約30～40分鐘。

7. 麵糰塗抹適量蛋液、甜餡料，先放上一層乳酪餡，再鋪上蘋果片 11 。 鹹餡料則是先抹番茄糊，再放火腿與起司 12 。

8. 烤箱預熱210℃，烘烤9～10分鐘，至麵糰上色即可。

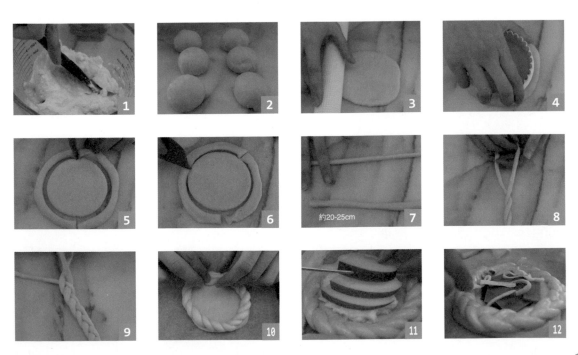

砂糖奶油辮子麵包

奶油跟砂糖這兩個元素搭配在一起,真的太邪惡了!甜甜香香,表面又帶點酥脆感,非常的討喜。

麵糰材料:

高筋麵粉…400g
鮮奶…110g
水…160g
砂糖…30g
酵母…4g
鹽巴…4g
奶油…35g

投料:

葡萄乾…80g

整形材料:

鮮奶…少量
奶油…適量
杏仁片…適量
砂糖…適量

TIPS

- 撒砂糖的時候,千萬不要客氣,不然可能會覺得不夠味而後悔喔!
- 烘烤隔天,麵包表面的砂糖可能會有點反潮,是正常現象。

作法：

1. 所有麵糰材料放入麵包機，啟動【⑬快速麵包麵糰】模式（包含揉麵＋一次發酵60分鐘），設定投料，投料提示音響的時候，投入葡萄乾 **1**。

2. 取出麵糰，分割成6等份，排氣滾圓 **2**，休息10分鐘。

3. 取一個麵糰，擀成長方形之後捲起來 **3** **4**，休息2～3分鐘，搓長到約25cm。

4. 取三條麵糰，綁成辮子狀 **5** **6** **7**。

5. 置於35～40℃左右室溫，發酵50～60分鐘 **8**。

6. 烤箱預熱190℃，趁預熱的時候，將麵糰表面塗上鮮奶 **9**，撒上適量杏仁片、擠上適量奶油 **10**、撒上砂糖。

7. 入烤箱烘烤約18～19分鐘，即完成。

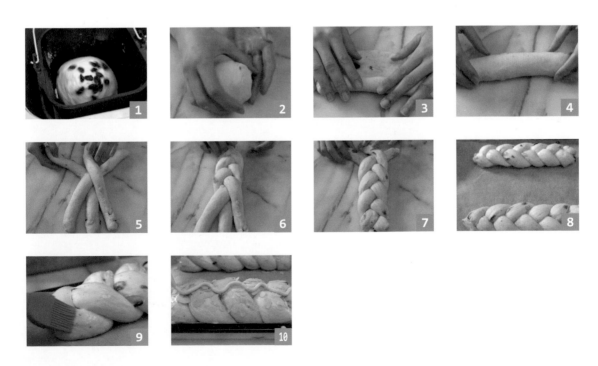

CHAPTER 6

不同模具
變化吐司

這個章節難度比較高喔！但柔軟又多變的
吐司實在太誘人。不論是用來做早餐，變
化成三明治、帕尼尼，還有法式吐司都沒
問題。請大家多點耐心，反覆練習幾次，
就能更準確掌握烤溫與烘烤時間喔。

中種法優格吐司

中種法做出來的麵包，非常的軟綿，加上優格淡淡的香氣，是這款吐司非常受歡迎的原因。這是許多粉絲們最常做的吐司之一，用這個麵糰也能整形成不同的麵包。

中種麵糰：

高筋麵粉…300g

無糖優格…65g

水…140g

酵母…3g

主麵糰：

中種麵糰…全部

高筋麵粉…200g

水…135g

砂糖…30g

酵母…2.5g

鹽巴…6g

奶油…25g

使用：

SN2066吐司烤模 ×2

作法：

1. **中種法製作：**所有中種麵糰材料放入麵包機，使用【㉑揉麵糰】。行程結束後，放入保鮮盒裡 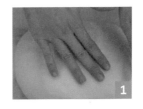，即可放入冰箱冷藏發酵8～12小時，底部看起來有一些發酵的孔洞，代表發酵成功 。

2. **主麵糰製作：**所有麵糰材料放入麵包機，啟動【⑬快速麵包麵糰】模式（包含揉麵＋一次發酵60分鐘）。

3. 取出麵糰，分割成6等份，排氣滾圓，休息10分鐘。

4. 擀平之後  捲起來 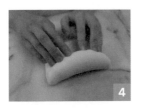，休息5分鐘，再度擀成長方形 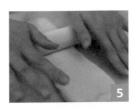，捲起來 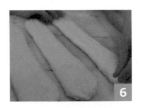，放入吐司模 。

5. 置於35～40℃左右室溫，發酵60分鐘 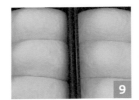，或至模具九分滿。

6. 烤箱預熱190℃，烘烤約21分鐘 ，即完成。

TIPS

中種麵糰建議在製作後的 24 小時內使用完畢。

141

巧克力生吐司

近年來因為生吐司大受歡迎,因此變化出各種口味。
巧克力生吐司則是經典中的經典,做幾次都吃不膩。
這款吐司,也是辣媽食譜中的超人氣精選喔!

麵糰材料:

高筋麵粉…280g　　鹽巴…4g

無糖可可粉…20g　　奶油…20g

鮮奶油…50g

水…160g

砂糖…35g

酵母…3g

其他:

巧克力豆…適量

使用:

SN2066吐司烤模 ×1

作法：

1. 所有麵糰材料放入麵包機，啟動【⑬快速麵包麵糰】模式（包含揉麵＋一次發酵60分鐘）。

2. 取出麵糰，分成3等份，排氣滾圓，休息15分鐘。

3. 取其中一個麵糰，擀成約10×15cm 長方形，捲起來，休息5分鐘  。

4. 再度擀成長度約5×20cm，放上適量巧克力 ，捲起來 。

5. 將三個麵糰放入吐司模裡 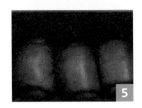。

6. 置於35 ～ 40℃左右室溫，發酵60 ～ 70分鐘，或至模具九分滿。

7. 烤箱預熱190℃，烘烤約21 ～ 22分鐘，即完成。

巧克力菠蘿脆皮吐司

這款麵包非常的邪惡好吃，表面是脆皮，裡面又有濃郁的巧克力，可一次嚐到雙重口感，是巧克力愛好者必學食譜！

巧克力菠蘿麵糰：	麵糰材料：	裝飾：
低筋麵粉…84g	高筋麵粉…475g	砂糖…適量
可可粉…10g	可可粉…25g	
糖粉…40g	水…250g	內餡：
奶油…46g	鮮奶…110g	耐烤巧克力豆…90g
雞蛋…24g	砂糖…50g	
	酵母…5g	使用：
	鹽巴…5g	**SN2190** 方形吐司烤模 ×4
	奶油…50g	

巧克力菠蘿皮作法：

1. 先將奶油打軟，加入糖粉一起用打蛋器打至均勻。

2. 加入蛋液攪拌均勻。

3. 最後加入過篩的可可粉與低筋麵粉 **1**，壓成麵糰後，放冰箱冷凍20分鐘，要使用時再從冰箱取出，分成4等份 **2**。

作法：

1. 所有麵糰材料放入麵包機，啟動【⑬快速麵包麵糰】模式（包含揉麵＋一次發酵60分鐘）**3**。

2. 取出麵糰，分成4等份，排氣滾圓 **4**，休息20分鐘，擀成20×15cm長方形。

3. 放上部分巧克力豆 **5**，兩邊往中間交疊、對折 **6**，再放上剩餘的巧克力豆捲起來 **7**。

4. 取一份菠蘿皮，隔著保鮮膜擀平為直徑10×10cm的正方形，麵糰蓋上菠蘿皮 **8**，沾上砂糖 **9**，放入吐司模中。

5. 置於30℃室溫，發酵60分鐘，或至模具九分滿 **10**。

6. 烤箱預熱190℃，烘烤約16分鐘，即完成。

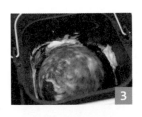

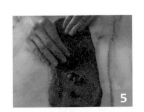

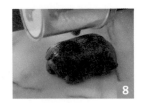

自製豆漿吐司

許多粉絲詢問，如何使用自製豆漿作吐司，豆漿吐司美味的元素來自豆漿配方，所以這道食譜，會獨家分享辣媽版自製豆漿的比例。

麵糰材料：

高筋麵粉⋯250g

自製豆漿⋯187g

砂糖⋯20g

酵母⋯2.5g

鹽巴⋯4g

奶油⋯20g

自製豆漿比例：

乾黃豆⋯20g

水⋯300ml

作法：

可用豆漿機製作此比例的豆漿。

使用：

SN2066×1

TIPS

自製豆漿沒有過濾殘渣，建議使用前，要先攪拌均勻後再倒入麵包機裡。

作法：

1. 所有麵糰材料放入麵包機，啟動【⑬快速麵包麵糰】模式（包含揉麵＋一次發酵60分鐘）。

2. 取出麵糰，分割成3等份，排氣滾圓 ，休息15分鐘。

3. 取其中一個麵糰，擀成長方形 ，捲起來 ，三個麵糰都一樣 ，休息5分鐘。

4. 再度擀長 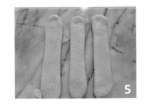，捲起來 ，三個麵糰盡可能等長，捲起來之後寬度大小差不多。

5. 放入吐司模裡 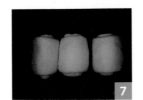，置於35℃左右室溫，發酵60～90分鐘。

6. 烤箱預熱190℃，麵糰發酵至模具九分滿 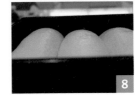，烘烤20分鐘，就完成囉！

貓咪雙色生吐司

貓咪吐司實在太討喜了，曾經造成熱烈地搶購風潮。這款吐司，我們用兩個不同顏色麵糰來做，更能凸顯貓咪的特別花色！

麵糰材料：
高筋麵粉…400g
鮮奶油…75g
水…200g
砂糖…35g
酵母…4g
奶油…25g
鹽巴…4g

其他：
可可粉…14g
水…14g

使用：
SN2400 貓咪吐司模 ×2

TIPS

請特別留意別讓麵糰發太高，導致蓋子蓋不起來。

作法：

1. 所有麵糰材料放入麵包機，啟動【⑬快速麵包麵糰】模式（包含揉麵＋一次發酵60分鐘）。

2. 揉完麵之後，取出麵糰分割出360g麵糰，以染成可可色。剩餘麵糰整成圓形，放回麵包機，繼續發酵行程。

3. 將可可粉與水調成膏狀後，撐開麵糰，放入可可膏 ，用洗衣服的方式搓揉麵糰 ，始能染成均勻的可可色。染色之後，置於室溫約30℃，發酵60分鐘。

4. 白色麵糰分成2等份，可可麵糰分成4等份，排氣滾圓 ，休息10分鐘。

5. 取其中一個麵糰，擀成長方形之後，翻面捲起來 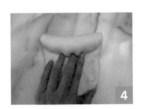。從長邊再度擀長 、捲起來 ，每個麵糰都一樣的步驟。

6. 完成後放入貓咪吐司模，貓咪下巴放入白麵糰，上方兩邊耳朵各放一個可可麵糰 。

7. 置於35～40℃左右室溫，發酵50～60分鐘，直到麵糰發酵至八、九分滿 。

8. 烤箱預熱190℃，趁預熱時蓋上吐司模。烘烤約20～21分鐘，即完成。

貓咪芒果吐司

貓咪吐司真的非常流行，一條在百貨公司裡面販售，要價快 200 元，最受歡迎的時候，還一條難求呢！趁夏天來臨時，一定要試試芒果口味！

芒果麵糰材料：	白麵糰材料：	使用：
高筋麵粉⋯300g	高筋麵粉⋯100g	**SN2400** 貓咪吐司模
芒果⋯170g	奶粉⋯6g	
冰水⋯30g	常溫水⋯60g	
砂糖⋯30g	砂糖⋯10g	
酵母⋯3g	酵母⋯1g	
鹽巴⋯4g	鹽巴⋯1.5g	
奶油⋯25g	奶油⋯10g	

TIPS

- 此分量可以做兩個貓咪吐司，如果只做一個，將所有材料直接除 2 就好。
- 畫表情的部分，請使用非調溫鈕扣巧克力，比較容易凝固。

作法：

1. **芒果麵糰作法：**
   奶油以外，所有麵糰材料放入麵包機，啟動【⑬快速麵包麵糰】
   模式，5分鐘之後投入奶油，之後讓麵包機自動完成揉麵，以及
   一次發酵60分鐘 **1**。

   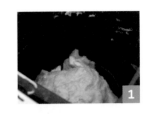

2. **手揉白麵糰作法：**
   投料順序 水 ➡ 砂糖 ➡ 酵母 ➡ 麵粉 ➡ 鹽巴等材料，放入鋼盆後攪拌成糰。將麵糰放到
   揉麵墊上，用手揉至稍微光滑（約3～5分鐘），包入奶油 **2**，再揉5分鐘。之後換個
   手勢揉約10分鐘。收圓之後，夏天於室溫發酵60分鐘。

3. 取出芒果麵糰，分成4等份，排氣滾圓，休息10分鐘；白麵糰分成2等份，排氣滾圓，
   休息10分鐘 **3**。

4. **第一個造型**（兩個芒果麵糰＋一個白麵糰）：取其中一個麵糰，擀成長方形之後，翻過
   來，兩邊往中間對折 **4**，再捲起來 **5**。三個麵糰都一樣 **6**，之後放入貓咪吐司模 **7**。

5. **第二個造型**（兩個芒果麵糰＋一個白麵糰）：取芒果麵糰，擀成長方形之後，翻面捲起
   來 **8**。最後對切成兩個麵糰 **9**，芒果麵糰會有4個小麵糰。

6. 白麵糰擀成長方形之後，翻過來，兩邊往中間對折，再捲起來，放入貓咪吐司模 。

7. 置於35 ～ 40℃左右室溫，發酵50 ～ 60分鐘，直到麵糰發酵至八、九分滿  。

8. 烤箱預熱190℃，趁預熱時，蓋上吐司模。

9. 放入烤箱烘烤約20 ～ 21分鐘，即完成。

10. 吐司冷卻之後，將巧克力放入擠花袋，隔水加熱後，再切片畫上自己喜歡的圖案。

抹茶蛋糕吐司

蛋糕吐司是我孩童時期最愛的吐司之一。可以將蛋糕與吐司分開吃，也可一口咬下，讓兩種口味同時入口。每一口不同的吃法，讓這款吐司變得更有樂趣。

麵糰材料：	抹茶蛋糕：	其他：	使用：
高筋麵粉⋯300g	低筋麵粉⋯60g	蛋白⋯4個	**SN2052**吐司烤模 ×2
水⋯195g	抹茶粉⋯8g	砂糖⋯66g	
砂糖⋯30g	蛋黃⋯4個		
酵母⋯3g	植物油⋯40g		
鹽巴⋯4g	牛奶⋯54g		
奶油⋯30g			

作法：

1. 所有麵糰材料放入麵包機，啟動【⑬快速麵包麵糰】模式（包含揉麵＋一次發酵60分鐘）。

2. 揉取出麵糰，分割成2等份，其中一個再分割成2等份，排氣滾圓 **1**，休息15分鐘（總共一個大麵糰＋2個小麵糰）。

3. 趁休息時間，先在吐司模裡鋪上烘焙紙。

4. 擀成15×20cm長方形 **2**，捲起來 **3** **4**，其中一個模放入兩個小麵糰 **5**。

5. 另一個放入一個大麵糰 **6**。

6. 置於35℃室溫發酵，約30分鐘的時候，開始準備蛋糕糊，並預熱烤箱190℃。

7. 將植物油與牛奶放入鍋內，加熱至微溫。

8. 蛋黃打散，加入作法7的材料 **7**，攪拌均勻。

9. 加入過篩的抹茶粉與低筋麵粉 **8**，攪拌均勻。

10. 蛋白打散之後，分三次加入砂糖 **9**，將蛋白霜打至硬挺如圖中勾狀 **10**。

11. 取1/3蛋白放入作法9裡面，大致攪拌均勻 **11**，再加入剩餘的蛋白霜，攪拌均勻。倒入吐司模 **12**，之後烤模要震一下 **13**。

12. 烤箱190℃烘烤10分鐘後，在蛋糕糊上畫線 **14**。再烘烤5分鐘，調降到180℃（烘烤第15分鐘時調降）。再烘烤10分鐘後（烘烤第25分鐘時候調降，降到170℃）。最後再烘烤15分鐘，總共烘烤時間40分鐘。

TIPS

- 如果想要做成巧克力口味，可將低筋麵粉改成 56g，抹茶粉改為無糖可可粉 12g。
- 這篇食譜分享兩種麵糰整形方法，大家可以選擇其中一個來做就好。

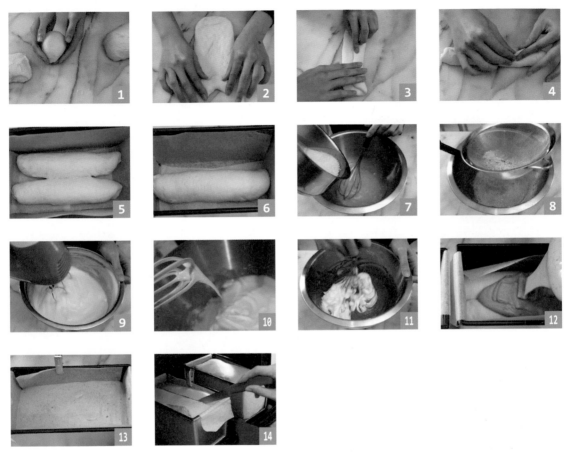

虎紋吐司

這款吐司在過年非常應景,特別是虎年。大家也可以把橘色改成原味的,完成後也會有截然不同的風格。

<table>
<tr><td>橘色麵糰材料:</td><td>黑色麵糰材料:</td><td>使用:</td></tr>
</table>

橘色麵糰材料:	黑色麵糰材料:	使用:
高筋麵粉⋯200g	橘色麵糰⋯65g	**SN2400** 貓咪吐司模
黃金起司粉⋯7g	竹炭粉⋯4g	
水⋯125g		
砂糖⋯15g		
酵母⋯2g		
鹽巴⋯2g		
奶油⋯15g		

TIPS

貓咪吐司當然也可以作成熱壓吐司,熱壓之後也很可愛!

作法：

1. 所有麵糰材料放入麵包機，啟動【⑬快速麵包麵糰】模式（包含揉麵＋一次發酵60分鐘）。

2. 揉麵完成之後，先分割出65g麵糰，用洗衣服方式染成黑色 **1** **2**。剩餘麵糰放入麵包機 **3**，繼續發酵行程。黑色麵糰染色之後，置於室溫30℃，發酵60分鐘。

3. 取出麵糰，排氣滾圓，休息10分鐘。

4. 將橘色麵糰擀成20×30cm長方形 **4**，取黑色麵糰擀成18×30cm長方形 **5**。黑色疊在橘色上方 **6**，捲起來 **7**。

5. 分成3等份 **8**，綁成辮子狀 **9**，放入烤模 **10**。

6. 置於35～40℃左右室溫，發酵60分鐘，至九分滿為止，蓋上蓋子。

7. 烤箱預熱190℃，烘烤19～20分鐘，即完成。

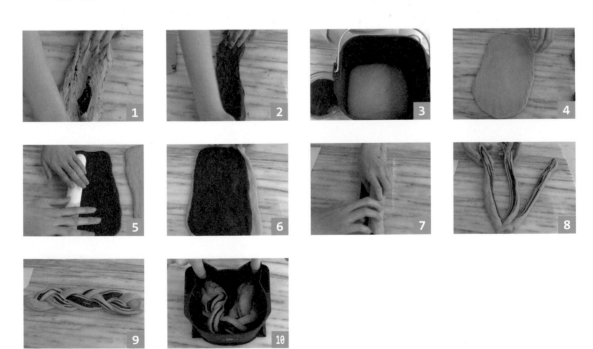

香草巴布羅

巴布羅吐司非常受歡迎，特別是上方的餡料，甜甜香香的。即使搭配沒有餡料的白吐司，還是這樣迷人。這配方還在吐司裡面加了香草豆莢，香氣更加升級。

麵糰材料：

高筋麵粉…250g
香草牛奶…110g
水…65g
砂糖…25g
酵母…2.5g
鹽巴…3g
奶油…20g

巴布羅麵糊：

低筋麵粉…55g
奶油…50g
糖粉…50g
雞蛋…50g

其他：

杏仁片…適量

使用：**SN2066**吐司烤模 ×1

香草牛奶：

鮮奶…130g
香草莢…1/3根

作法：

所有材料放入鍋中，攪拌均勻，加熱到鍋邊起泡泡即可。建議放置到隔天再使用會更香（需冷藏）。

TIPS

如果使用一般有導熱管的烤箱，吐司下方一定要墊上烤盤，以防巴布羅麵糊因為烘烤而溢出到導熱管，造成冒煙燒焦的情況。

巴布羅麵糊作法：

1. 全部材料放入食物處理器 **1**，攪拌均勻即可 **2**。

2. 若沒有食物處理器，請將軟化的奶油打軟之後，加入糖粉（或細砂糖）攪拌均勻，再分次加入蛋液，攪拌均勻。

3. 最後加入過篩的低筋麵粉，攪拌均勻即可。

4. 入冰箱冷藏約10分鐘。

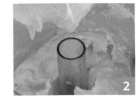

作法：

1. 所有麵糰材料放入麵包機，啟動【⑬快速麵包麵糰】模式（包含揉麵＋一次發酵60分鐘）。

2. 取出麵糰，分成3等份，排氣滾圓。

3. 麵糰拍平之後，擀成長方形 **3**，捲起來之後 **4**，休息約5分鐘 **5**，再度擀長 **6**，捲起來 **7**。

4. 放入已鋪好烘焙紙的吐司模 **8**。置於35～40℃左右室溫，發酵60～90分鐘，或發酵至九分滿。

5. 撒上適量杏仁片，將巴布羅麵糊放入擠花袋 **9**，擠上巴布羅麵糊 **10**，再次撒上適量的杏仁片。

6. 烤箱預熱190℃，烘烤約21分鐘，即完成。

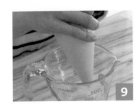

莓果乳酪吐司

這款吐司吃起來酸酸甜甜，又帶點奶香味，只要使用不同莓果果醬，又會有不同的風味。市面上不容易買到的口味，很值得嘗試看看！

麵糰材料：

高筋麵粉…250g

鮮奶…66g

冰水…105g

砂糖…20g

酵母…2.5g

鹽巴…3g

奶油…20g

餡料：

奶油乳酪…100g

莓果果醬…50g

砂糖…15g

作法：

所有材料混合均勻即可 **1**，先放入冰箱冷藏備用 **2**。

其他：

果乾…適量（蔓越莓乾或草莓乾）

整形：

蛋液…適量

杏仁片…適量

使用：

SN2066吐司烤模 ×1

作法：

1. 所有麵糰材料放入麵包機，啟動【⑬快速麵包麵糰】模式（包含揉麵＋一次發酵60分鐘）。

2. 取出麵糰，排氣滾圓 **3**，休息10分鐘。

3. 擀成約30×25cm 長方形 **4**，抹上適量的餡料 **5**，放上適量的果乾，捲起來 **6**。

4. 切成兩個長條狀 **7**，綁成辮子狀 **8**，放入吐司模裡 **9**。

5. 置於35 ～ 40℃左右室溫，發酵60 ～ 70分鐘，或至模具九分滿。

6. 烤箱預熱180℃，趁預熱時，麵糰上方塗上適量的蛋液，撒上杏仁片 **10**。

7. 入烤箱烘烤約20 ～ 21分鐘，即完成！

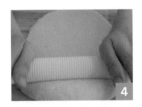

TIPS

這款吐司烘烤出來，會比一般白吐司矮一些，
是正常現象。

麥香吐司

這款並不是全麥吐司,因為全麥麵粉的筋性沒有高筋麵粉好。如果全部都用全麥麵粉,麵包就不會那麼柔軟。但如果只添加部分,不但可以增添麥香,還能有更多變化。

麵糰材料:

高筋麵粉…400g	鹽巴…5g
全麥麵粉…100g	奶油…35g
鮮奶…110g	
冰水…230g	
砂糖…35g	
酵母…5g	

使用:

SN2066吐司烤模 ×2

作法：

1. 所有麵糰材料放入麵包機，啟動【⑬快速麵包麵糰】模式（包含揉麵＋一次發酵60分鐘）**1**。

2. 取出麵糰，分成6等份**2**，排氣滾圓，休息20分鐘。

3. 擀成長方形**3**，捲起來**4**。

4. 取前三個麵糰，擀長**5**，一起翻過來，確定長度相同之後**6**，再捲起來**7**。

5. 放到吐司模裡**8**，於溫度35℃左右室溫，發酵60～90分鐘。

6. 直到九分滿左右**9**，預熱烤箱190℃。

7. 入烤箱烘烤21分鐘，約第14分鐘時將烤盤轉向。烘烤完即完成。

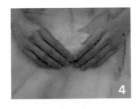

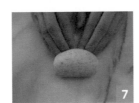

TIPS

- 使用一般12兩吐司模，時間要加長5～6分鐘。
- 使用一般烤箱，時間需加長約5～6分鐘，溫度可能也需要往上調整。
- 使用一般導熱管烤箱＋一般吐司模，烘烤溫度可能設定為200～210℃，烘烤時間約35分鐘。實際狀況請自行測試，僅供參考。

湯種山形白吐司

湯種，在日文中的意思是溫熱的麵種。湯種吐司非常柔軟，水分充足且口感Q彈。這款在我心目中，是不輸生吐司的喔！

湯種：

高筋麵粉…30g
水…150g

麵糰材料：

湯種…80g
高筋麵粉…250g
水…100g
砂糖…25g
酵母…2.5g
鹽巴…2.5g
奶油…20g

使用：

SN2066吐司烤模 ×1

TIPS

- 拿來做成三明治，或是單純搭配抹醬都非常棒。
- 湯種分量太少不好煮，所以建議一次做兩份，三天內使用完畢。

湯種作法：

1. 水＋麵粉攪拌均勻，上爐火一邊加熱一邊攪拌到呈現糊狀 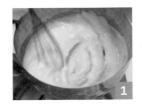。
2. 用保鮮膜服貼蓋好 。

作法：

1. 所有麵糰材料放入麵包機，啟動【⑬快速麵包麵糰】模式（包含揉麵＋一次發酵60分鐘）。
2. 取出麵糰，分割成3等份，排氣滾圓，休息15分鐘。
3. 取其中一個麵糰，擀成長方形 ，捲起來 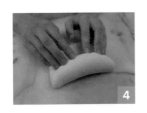，休息5分鐘。
4. 再度擀長 ，三個麵糰盡可能要等長 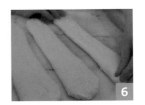，捲起來 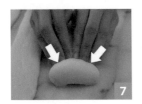 之後寬度大小差不多。
5. 放到吐司模裡 ，置於35℃左右室溫，發酵60～90分鐘 。
6. 烤箱預熱190℃，麵糰發酵至九分滿左右，入烤箱烘烤約21分鐘。

165

紫米核桃吐司

煮熟的紫米加到麵包裡面,嚼起來會有 QQ 的口感,紫米本身的香氣也很特別。 這款麵包很有養生感,適合送給長輩享用。

麵糰材料:

高筋麵粉…500g

水…330g

砂糖…35g

酵母…5g

鹽巴…6g

奶油…35g

投料:

煮熟紫米…60g
(或黑米)

核桃…60g

紫米煮法:

我購買的黑米包裝上寫明,用一杯米對1.2杯水,設定煮米的正常模式煮熟。完成後,放涼備用。

使用:

SN2066吐司烤模 ×1

TIPS

這款吐司的高度會比一般吐司稍矮一點,是正常現象。

作法：

1. 所有材料放入麵包機，啟動【⑬快速麵包麵糰】模式，並設定投料。（已包含揉麵＋一次發酵60分鐘）投料聲音響起，請手動投入紫米與核桃 **1**。

2. 麵糰分成4等份，排氣滾圓，休息15分鐘 **2**。

3. 其中兩個麵糰擀成15×20cm長方形 **3**，麵糰兩邊往中間折 **4**，之後再捲起來 **5**，放到烤模裡 **6**。

4. 另外兩個麵糰擀成15×20cm長方形 **7**，捲起來 **8** 放到烤盤上 **9**。

5. 置於35℃室溫進行最後發酵，一般麵包60分鐘 **10**；吐司約60～90分鐘 **11**。

6. **一般麵包**：烤箱設定190℃，烘烤15分鐘；**吐司模**：烤箱設定190℃，烘烤20分鐘。

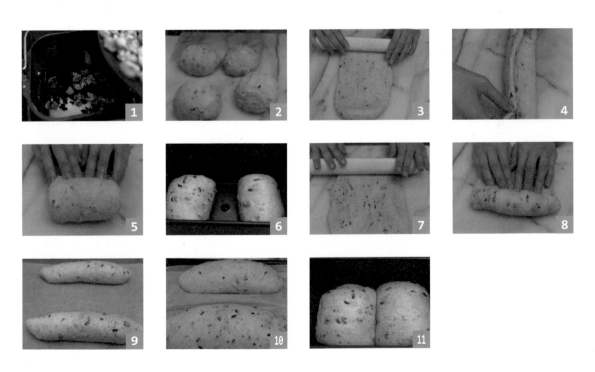

黑糖雙色吐司

這款是三不五時就會想做的甜口味麵包，黑糖餡很耐吃，甜而不膩。作法十分簡單，配色也非常賞心悅目。

白麵糰：	黑糖麵糰：	內餡：
高筋麵粉…250g	高筋麵粉…250g	黑糖…48g
水…155g	水…155g	杏仁粉…12g
砂糖…25g	黑糖…40g	
酵母…2.5g	酵母…2.5g	
鹽巴…3g	鹽巴…2.5g	
奶油…25g	奶油…25g	

內餡作法：

所有材料混合均勻即可。

使用：

SN2066 吐司烤模 ×2

作法：

1. 黑糖麵糰材料放入麵包機 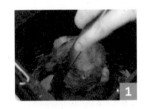，啟動【⑬快速麵包麵糰】模式（包含揉麵＋一次發酵60分鐘）。

2. 白麵糰則用手揉的方式製作 ，揉出薄膜後，置於28℃左右室溫，發酵60分鐘。

3. 接上述兩個麵糰，各自分割成2等份 ，排氣滾圓，休息10分鐘。

4. 取一個黑糖麵糰擀成20×30cm 的長方形，放入1/4夾餡 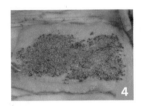，捲起來收口黏緊 。另一個白麵糰也完成一樣的步驟。

5. 兩個麵糰綁成辮子後 ，放入吐司模，置於35℃左右室溫，發酵60 ～ 90分鐘 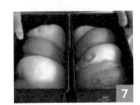。

6. 烤箱預熱190℃，烘烤20 ～ 21分鐘，就完成囉！

TIPS

杏仁粉為烘焙專用杏仁粉，非沖泡式杏仁粉。若沒有杏仁粉，則可用花生粉取代。

蜂蜜生吐司

蜂蜜生吐司除了吃起來柔軟，非常容易咬斷之外，還帶點淡淡的蜂蜜香氣。使用可愛的方形烤模來烘烤，造型更是小巧可愛呢！

麵糰材料：

高筋麵粉…500g	酵母…5g
鮮奶油…105g	鹽巴…6g
水…240g	
砂糖…10g	
蜂蜜…35g	
奶油…25g	

使用：

SN2190 正方形烤模 ×4

作法：

1. 所有麵糰材料放入麵包機，啟動【⑬快速麵包麵糰】模式（包含揉麵＋一次發酵60分鐘）**1**。

2. 將麵糰分成4等份，排氣滾圓，休息15分鐘 **2**。

3. 擀成15×20cm長 **3**，麵糰兩邊往中間折 **4**，之後再捲起來 **5**。

4. 放到烤模裡 **6**，置於35℃室溫，進行最後發酵60分鐘，或至模具九分滿 **7**。

5. 烘烤前，可將吐司蓋子蓋上，也可不用。烤箱預熱190℃，有烤模則烘烤20分鐘。

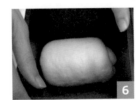

TIPS

- 如果沒有正方形烤模，可使用 12 兩吐司模，這個分量可以製作兩條。190℃約 21 ～ 22 分鐘。
- 如果只烘烤一半的分量，烘烤時間需要縮短約 1 ～ 2 分鐘，但實際狀況要自行測試。

雙拼吐司

當初在研發這款麵包的時候，希望做一次吐司就能完成四種口味，滿足全家人不同口味喜好的需求。四款都各有特色，有鹹有甜，讓人愛不釋手。

麵糰材料：
高筋麵粉…500g
鮮奶…88g
冰水…250g
砂糖…35g
奶油…35g
鹽巴…5g
酵母…5g

甜餡料：
草莓奶油乳酪：
奶油乳酪…50g
草莓果醬…25g
糖粉…7g

作法：
奶油乳酪軟化之後，將全部材料攪拌均勻即可。

市售花生醬…適量
市售榛果巧克力醬…適量

裝飾：
杏仁片、杏仁粒…適量

使用：
SN2066 吐司烤模 ×2

鹹餡料：
肉鬆…適量　　培根…兩條
蔥花…適量　　蔥花…適量
　　　　　　　黑胡椒…適量

TIPS
餡料可依照個人喜好自行更換！

作法：

1. 所有麵糰材料放入麵包機，啟動【⑬快速麵包麵糰】模式，10分鐘後投入奶油。（包含揉麵＋一次發酵60分鐘）。

2. 取出麵糰，分成4等份，排氣滾圓 **1**。

3. 取其中一個麵糰，擀成25×20cm長方形，塗上適量草莓奶油乳酪餡 **2**，保留一部分不塗抹，並切割成數等份。將麵糰捲起來 **3**，頭尾連接在一起。

4. 第二個麵糰，擀成25×20cm長方形，塗上一半花生醬、一半巧克力醬 **4**，保留一部分不塗抹，並切割成數等份。將麵糰捲起來，頭尾連接在一起。

5. 第三個麵糰，擀成25×15cm長方形，放上適量肉鬆與蔥花 **5**。麵糰往中間對折之後，再放上適量肉鬆與蔥花 **6**，捲起來 **7**。

6. 第四個麵糰，擀成25×15cm長方形，放上兩片培根與適量蔥花 **8**。麵糰往中間對折之後，再放上適量蔥花，捲起來 **9**。

7. 分別放入吐司模中 **10** **11**，置於35℃左右室溫，發酵60分鐘，或至模具九分滿。

8. 烤箱預熱190℃，入烤箱前塗上一層鮮奶，甜口味放上適量杏仁粒或杏仁片 **12**。

9. 入烤箱烘烤21分鐘，即完成。

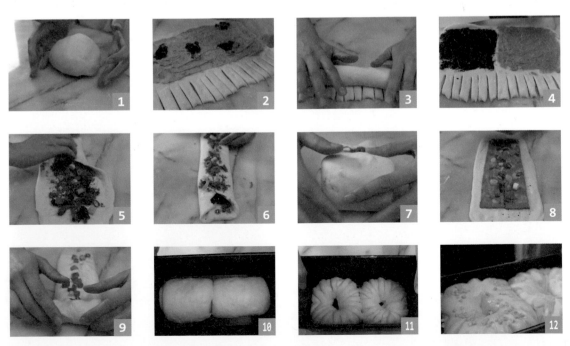

鹹奶油吐司

這款吐司非常香，帶著奶油鹹香與雞蛋香，令人垂涎三尺。
金黃的烤色也很美，是一款單吃就很滿足的吐司。

麵糰材料：

高筋麵粉…500g

雞蛋…60g

水…260g

砂糖…40g

酵母…5g

鹽巴…6g

奶油…40g

入烤箱前：

奶油…適量

鹽巴…適量

使用：

SN2066×2

作法：

1. 所有麵糰材料放入麵包機，啟動【⑬快速麵包麵糰】模式（包含揉麵＋一次發酵60分鐘）。

2. 取出麵糰，分成6等份，排氣滾圓，休息10分鐘。

3. 取其中一個麵糰，擀成長方形 **1**，捲起來 **2**，休息3分鐘。

4. 再度擀長 **3**，捲起來。三個麵糰盡可能等長 **4**，捲起來之後寬度大小差不多。

5. 放到吐司模裡 **5**，置於35～40℃左右室溫，發酵60～90分鐘。

6. 烤箱預熱190℃，麵糰發酵至八分滿左右 **6**，入烤箱前，用剪刀剪開麵糰，放上奶油，撒上適量鹽巴 **7**。烘烤約21分鐘，即完成。

TIPS

用一般烤箱烘烤這款吐司時，底部一定要墊烤盤，不然奶油融化會滴到導熱管喔！

帶蓋吐司

帶蓋白吐司是家家必備,簡單又百搭。方方正正的吐司,用來做三明治或熱壓吐司都非常適合。但難度較高,怕過度發酵也怕發酵不足。如果只差一點點,外觀上可能不是最完美,但不影響美味。

麵糰材料:

高筋麵粉…500g

鮮奶…110g

冰水…225g

砂糖…35g

酵母…5g

鹽巴…5g

奶油…35g

使用:

SN2066吐司烤模 ×2

作法：

1. 所有麵糰材料放入麵包機，啟動【⑬快速麵包麵糰】模式（包含揉麵＋一次發酵60分鐘）。

2. 取出麵糰，分割成6等份，排氣滾圓，休息20分鐘。

3. 擀成長方形 **1**，捲起來 **2**。

4. 取其中三個麵糰擀長 **3**，一起翻面 **4**，確定長度相同之後，再捲起來 **5**。

5. 放到吐司模裡 **6**，置於35℃左右室溫，發酵60～80分鐘。

6. 烤箱預熱190℃，麵糰發酵至九分滿左右 **7**，蓋上蓋子。

7. 入烤箱烘烤21分鐘，約第14分鐘時，將烤盤轉方向繼續烤，即完成。

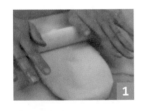

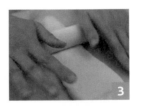
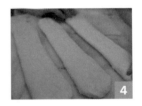
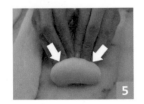

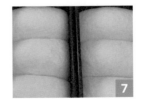

TIPS

- 如果用一般非低糖 12 兩吐司模，時間要加長 5～6 分鐘。
- 使用一般烤箱，時間需加長約 5～6 分鐘，溫度可能也需要往上調整。
- 假設用一般導熱管烤箱＋一般吐司模，烘烤溫度可能必須 200～210℃。烘烤時間可能是 35 分鐘。實際狀況需自行斟酌。

CHAPTER 7

低糖低油
健康系列

這個系列受到許多粉絲喜愛。也是我為了
愛麵包的朋友們,可以少吃一點糖,少一
點油。雖然外型樸實無華,但吃了之後,
依舊能感受到它們的軟中帶 Q 的口感與
濃濃香氣。

中種無花果核桃麵包

中種法做出來的低糖低油麵包，更加的蓬鬆柔軟、水分十足。無花果的甘甜與核桃的香氣，讓這款麵包就像麵包店販售的歐式麵包一樣美味。

中種麵糰材料：

高筋麵粉…200g
水…102g
無糖優格…35g
酵母…1.5g

麵糰材料：

高筋麵粉…100g
水…65g
砂糖…10g
酵母…1g
鹽巴…4g
奶油…7.5g
所有中種麵糰

投料：

無花果…60g（先剪成小塊）
核桃…30g

入烤箱前：

高筋麵粉…適量

中種麵糰作法：

1. 所有中種麵糰材料放入麵包機，啟動【㉑揉麵糰】➡【中速】，攪拌20分鐘即可。

2. 將麵糰放入保鮮盒裡 **1**，冷藏7 ～ 12小時，直到麵糰發酵為2倍大為止 **2**。

作法：

1. 所有主麵糰材料放入麵包機，啟動【⑬快速麵包麵糰】模式，設定投料。因為料太多，請在提示音響後，自行投入無花果和核桃。揉麵完成後，約20分鐘取出來翻面，將麵糰攤開，折三折成長方形，轉90度再折三折，再放回麵包機。另外計時20分鐘，取出麵糰。

2. 取出麵糰，分割成2等份，排氣滾圓，休息15分鐘。

3. 輕拍麵糰，將麵糰拍平、對折 **3**，之後再對折 **4**。底部收好，放到烘焙紙上。

4. 用發酵布隔開 **5**，置於35℃左右室溫，發酵40 ～ 50分鐘。

5. 烤箱預熱200℃，此時將麵糰表面噴水、撒粉、畫出紋路 **6**。

6. 入烤箱烘烤18 ～ 20分鐘，即完成。（前5分鐘設定三顆蒸氣。）

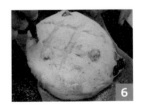

TIPS

- 使用中種法做麵包，發酵速度會比較快，請大家要特別留意時間，小心不要過度發酵。
- 將作法 1 翻面，是為了讓麵糰筋性更好，麵包會更好吃。

茶香無花果麵包

我非常喜歡清新的茶香與麵包結合，入口之後，茶香在嘴裡面緩緩散開，充滿了驚喜。這款麵包用老麵製作，吃起來保濕性又更好。

老麵材料：
高筋麵粉…100g
水…65g
酵母…1g

麵糰材料：
老麵…60g
高筋麵粉…300g
阿薩姆茶粉…6g
冰水…195g
砂糖…12g
酵母…3g
鹽巴…5g
奶油…12g

投料：
核桃…50g
（核桃先入烤箱以120℃
烘烤5分鐘，烤出香氣。）
無花果…60g

入烤箱前：
高筋麵粉…適量

TIPS

- 剩餘的老麵請於三天內使用完畢。
- 吃不完的麵包建議切片之後冷凍，以200℃回烤3～5分鐘。
- 茶粉也可以自行更換為蜜香紅茶粉。

作法：

1. 前一天：

   製作老麵：啟動【㉑揉麵糰】模式，結束之後將麵糰收圓，放入保鮮盒裡面，放入冰箱冷藏到隔天使用 **1**。

   無花果：切成小塊，用開水沖一下，瀝乾水分，放到保鮮盒裡冷藏備用。

2. 製作當天：

   所有麵糰材料放入麵包機 **2**，啟動【⑬快速麵包麵糰】模式，設定投料。因為料太多，請在提示音響後，自行投入核桃與無花果 **3**。揉麵完成後，約30分鐘取出來翻面 **4**，將麵糰攤開，折三折成長方形，轉90度再折三折，再放回麵包機 **5** 直到發酵完成。

3. 取出麵糰，分割成2等份 **6**，排氣滾圓，休息15分鐘。

4. 輕拍麵糰，翻面之後整成三角形 **7**，再捲起來 **8 9**。

5. 麵糰放到烘焙紙上，再用發酵布將麵糰隔開 **10**，置於35℃左右室溫，發酵50分鐘 **11**。

6. 烤箱預熱200℃，此時將麵糰表面噴水、撒粉、畫出紋路 **12**。

7. 入烤箱烘烤約18～20分鐘，即完成。（前5分鐘設定三顆蒸氣。）

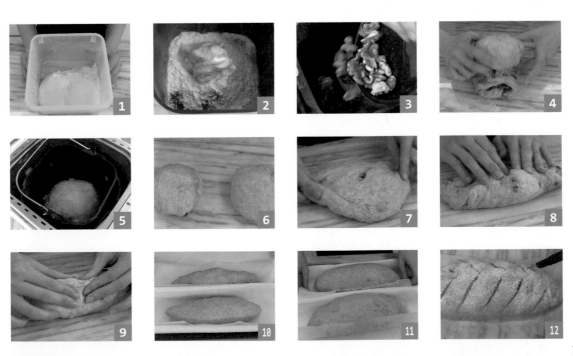

原味貝果

貝果是許多人喜愛的麵包，扎實又軟Q的口感，早餐時刻非常百搭。最重要的是，它的製作時間比一般麵包短，所以受到很多媽媽喜愛。

麵糰材料：

高筋麵粉…300g

鮮奶…55g

冰水…115g

砂糖…15g

酵母…2g

鹽巴…4g

蜂蜜水：

水…1000g

蜂蜜…1大匙

作法：

1. 所有麵糰材料放入麵包機，啟動【㉑揉麵糰】➡【高速】。

2. 取出麵糰，分割成6等份 ，排氣滾圓，休息10分鐘。

3. 將麵糰擀成長方形，捲起來 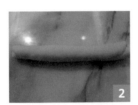。再搓成約20cm長，把其中一端壓扁 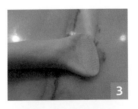，與另一端黏合 。

4. 放到烤盤上 ，最後發酵50分鐘 。

5. 烤箱預熱210℃。

6. 起一鍋滾水，加入蜂蜜，再放入麵糰，轉小火煮 。每一面燙30秒，兩面都燙好之後起鍋。

7. 入烤箱烘烤18分鐘，即完成。（前5分鐘設定三顆蒸氣。）

TIPS

隔天要吃之前建議回烤，會更好吃。

巧克力貝果

巧克力貝果濃郁的可可香，連我不愛吃貝果的兒子，都會願意吃。這款是低糖低油配方，即使孩子們多吃一點也不須擔心有負擔喔！

麵糰材料：

高筋麵粉…290g	酵母…2g
可可粉…10g	鹽巴…4g
鮮奶…55g	
冰水…120g	蜂蜜水：
砂糖…15g	水…1000g
	蜂蜜…1大匙

TIPS

- 整形部分可以參考原味貝果 P.184。
- 如果想要甜一點，可以在作法 3 擀成長方形之後，加入適量的巧克力豆，再捲起來，繼續下個步驟。

作法：

1. 所有麵糰材料放入麵包機，啟動【㉑揉麵糰】➡【高速】。
2. 取出麵糰，分割成6等份，排氣滾圓，休息10分鐘。
3. 將麵糰擀成長方形，捲起來。再搓成約20cm長，把其中一端壓扁，與另一端黏合。
4. 放到烤盤上，最後發酵50分鐘。
5. 烤箱預熱210℃。
6. 起一鍋滾水，加入蜂蜜，放入麵糰，轉小火煮。每一面燙30秒，兩面都燙好之後起鍋。
7. 入烤箱烘烤18分鐘，即完成。（前5分鐘設定三顆蒸氣。）

茶香貝果

曾經吃過帶有茶香的貝果,之後就一直念念不忘,所以決定回家自己試作看看,嘴巴裡面滿溢的茶香,讓人幸福滿分!

麵糰材料:

高筋麵粉…294g	酵母…2g
烏龍茶粉…6g	鹽巴…4g
鮮奶…55g	蜂蜜水:
冰水…115g	水…1000g
砂糖…15g	蜂蜜…1大匙

TIPS

- 整形部分可以參考原味貝果P.184。
- 茶粉可更換成蜜香紅茶粉、阿薩姆茶粉或抹茶。

作法:

1. 所有麵糰材料放入麵包機,啟動【㉑揉麵糰】➡【高速】。
2. 取出麵糰,分割成6等份,排氣滾圓,休息10分鐘。
3. 將麵糰擀成長方形,捲起來。再搓成約20cm長,把其中一端壓扁,與另一端黏合。
4. 放到烤盤上,最後發酵50分鐘。
5. 烤箱預熱210℃。
6. 起一鍋滾水,加入蜂蜜,放入麵糰,轉小火煮。每一面燙30秒,兩面都燙好之後起鍋。
7. 入烤箱烘烤18分鐘,即完成。(前5分鐘設定三顆蒸氣。)

藍莓貝果

以前還是上班族的時候，公司樓下的連鎖咖啡廳裡，販售的藍莓貝果是我的最愛。口感與香氣十足，每天早餐都想來一份。

麵糰材料：

高筋麵粉…300g
冰水…90g
藍莓…80g
砂糖…10g
酵母…2g
鹽巴…3g

其他：

砂糖…一大匙

作法：

1. 所有麵糰材料放入麵包機 **1**，啟動【 ㉑ 揉麵糰 】 ➡ 【高速】**2**。

2. 取出麵糰，分割成6等份 **3**，排氣滾圓，休息10分鐘。

3. 擀成長方形，捲起來 **4**。再搓成約20cm長，把其中一端壓扁 **5**，與另一端黏合 **6**。

4. 放到烤盤上，最後發酵50分鐘 **7**。

5. 烤箱預熱210℃。

6. 起一鍋滾水，加入一大匙砂糖，放入麵糰，轉小火煮 **8**。每一面燙30秒，兩面都燙好之後起鍋。

7. 入烤箱烘烤烘烤烘烤16～18分鐘，即完成。（前5分鐘設定三顆蒸氣。）

TIPS

- 烘烤貝果有蒸氣的話，會更脆、更好吃！
- 藍莓可使用新鮮藍莓或冷凍藍莓。

巧克力麵包

這款巧克力麵包是我們家最常出現的麵包之一,孩子只要看到巧克力心情都會特別好。因為是低糖低油配方,吃起來也不用擔心熱量過高,仍吃得到巧克力香氣。

老麵材料:
高筋麵粉…100g
水…65g
酵母…1g

麵糰材料:
老麵…80g
高筋麵粉…380g
無糖可可粉…20g
鮮奶…110g
水…170g
砂糖…20g
酵母…4g
鹽巴…6.5g
奶油…15g

餡料:
巧克力…適量

裝飾:
麵粉…適量

老麵作法：

1. 所有材料用麵包機【㉑揉麵糰】模式，揉到光滑為止，之後將麵糰放入保鮮盒裡，放進冰箱放到隔夜，即可使用。建議三天內使用完畢。

作法：

1. 所有麵糰材料放入麵包機 **1**，啟動【⑬快速麵包麵糰】模式（包含揉麵＋一次發酵60分鐘）。

2. 取出麵糰，分割成3等份，排氣滾圓，休息10分鐘 **2**。

3. 擀成長捲之後 **3**，鋪上適量的巧克力 **4**，再捲起來 **5**。

4. 置於35～40℃左右室溫，發酵50～60分鐘。

5. 撒上適量的麵粉，在麵包上畫出紋路 **6**。

6. 烤箱預熱210℃，烘烤約17分鐘，即完成。（前5分鐘設定三顆蒸氣。）

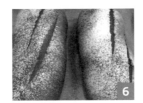

TIPS

老麵可以延緩麵包老化的速度，製作麵包時，若沒有也可以省略。

百變Pizza

Pizza 是我們家必備的早餐，我習慣一口氣做很多個麵糰冷凍起來，有需要的時候，隨時都有 Pizza 可以吃。口味變化也很多樣，想節省時間一定要學起來喔！

麵糰材料：

高筋麵粉或中筋麵粉…300g

冰水…180g

砂糖…15g

酵母…3g

鹽巴…3g

橄欖油…12g

鹹口味 Pizza 料：

番茄糊或青醬

其他餡料

乳酪絲…適量

橄欖油…適量

甜口味 Pizza 料：

蘋果片…適量

乳酪絲…適量

砂糖…少許

作法：

1. 所有麵糰材料放入麵包機，啟動【⑬快速麵包麵糰】模式（包含揉麵＋一次發酵60分鐘）。

2. 取出麵糰，可依照個人喜好，分割成2～8等份 **1**，看自己想吃的大小或是烤箱可以放入的大小而定，排氣滾圓，休息10分鐘。

3. 擀成圓形，如果喜歡吃厚片，就擀小片一點；如果想吃薄片，就擀大片一點 **2**。

4. **鹹口味**：麵糰塗上一層番茄糊或青醬，放上餡料 **3**，再撒上滿滿的乳酪絲 **4**，放入烤箱。

5. **甜口味**：將蘋果片鋪好 **5**，之後撒上適量的乳酪絲 **6**，再撒一點點砂糖。

6. 烤箱預熱230℃，烘烤10分鐘，烤至上色就完成囉！最後可以淋上少許風味橄欖油提香。

TIPS

- Pizza 需要高溫約 220℃以上烘烤，並且快速出爐。不建議用低溫慢烤喔！
- 如果不想準備餡料，可以在作法 4 時，在麵糰上撒滿乳酪絲，直接進烤箱 **7**。

脆皮芝麻紅豆麵包

我非常非常喜歡吃脆皮麵包,之前一直納悶為什麼自己做不出來。經過多次練習之後,終於找到適合的配方。這款麵包外皮脆酥脆,帶有黑芝麻香氣,配上甜甜的紅豆,不禁讓人吮指回味。

麵糰材料:
高筋麵粉…400g
冰水…265g
砂糖…10g
酵母…4g
鹽巴…5g
奶油…15g

投料:
熟黑芝麻…30g

內餡:
蜜紅豆…90g

作法：

1. 所有麵糰材料放入麵包機，啟動【⑬快速麵包麵糰】模式，設定投料。請在提示音響後，自行投入芝麻。揉麵完成後，約30分鐘取出來翻面 ，將麵糰攤開，折三折成長方形，轉90度再折三折，再放回麵包機 ，直到發酵完成。

2. 取出麵糰，分割成3等份 **3**，排氣滾圓，休息15分鐘。

3. 輕拍麵糰，用擀麵棍擀成長方形 **4**，翻面之後包入30g蜜紅豆 **5**，再捲起來 **6**。

4. 麵糰放大小適當的烘焙紙上，將麵糰用烘焙布隔開 **7**，置於35℃左右室溫，發酵50分鐘 **8**。

5. 烤箱預熱220℃，烘烤約20分鐘。（前5分鐘設定三顆蒸氣。）其他烤箱溫度請自行斟酌。

TIPS

烘烤之後，麵包表面會有裂痕，是正常現象。

起司海星麵包

偶爾試試造型多變又吸睛的麵包，加入起司之後，烤起來底部十分酥脆，尖角的地方也很有嚼勁又美味。

高筋麵粉…200g

鮮奶…66g

水…65g

砂糖…10g

酵母…2g

鹽巴…3g

奶油…10g

其他：

莫札瑞拉起司…適量

巴西里葉…適量

196

作法：

1. 所有麵糰材料放入麵包機，啟動【⑬快速麵包麵糰】模式（包含揉麵＋一次發酵60分鐘）。

2. 取出麵糰，分割成6等份，排氣滾圓，休息10分鐘。

3. 擀成直徑15cm的圓形，用刮板畫出四條放射狀 。

4. 先放到烤盤上，之後往外翻。

5. 置於約35℃室溫，發酵20～30分鐘，撒上適量的起司 。

6. 烤箱預熱220℃，烘烤約11～12分鐘，上色即完成。可以趁熱的時候，撒上一點巴西里葉裝飾。

起司堅果麵包

這款麵包的設計，是為了在麵包裡面盡量塞更多營養，給孩子帶去學校當點心。堅果香氣與咀嚼時候的口感，搭配起司，打破養生麵包口味單調的既定印象。

麵糰材料：

高筋麵粉…400g

鮮奶…110g

冰水…160g

砂糖…18g

酵母…4g

鹽巴…5g

奶油…18g

其他：

綜合堅果…共120g
（核桃、南瓜子、白芝麻、蔓越莓）

起司片…5片

乳酪絲…適量

作法：

1. 所有麵糰材料放入麵包機，啟動【⑬快速麵包麵糰】模式（包含揉麵＋一次發酵60分鐘），設定投料。麵包機投料時，請手動將所有堅果投入。

2. 取出麵糰，分割成2等份 **1**，排氣滾圓，休息15分鐘。

3. 擀成25×20cm長 **2**，放上起司再捲起來 **3**。

4. 放到烤盤上，置於35℃室溫，最後發酵50分鐘。

5. 麵糰上畫出紋路後 **4**，表面噴點水，鋪上乳酪絲 **5**。

6. 烤箱預熱190℃，烘烤約18～19分鐘。（前5分鐘設定三顆蒸氣。）

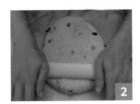

TIPS

這款麵包非常適合切片之後，回烤再享用。金黃酥脆的表面，跟堅果起司超級搭！

培根菠菜麵包捲

麵包捲的大小,很適合孩子們一口一條輕鬆地吃下去。有菠菜又有培根,是鹹口味麵包裡人氣相當高的一款。

麵糰材料:
高筋麵粉…370g
低筋麵粉…30g
冰水…245g
砂糖…20g
酵母粉…4g
鹽巴…5g
奶油…20g

其他:
培根碎…3條培根
菠菜…50g

入烤箱前:
酪梨油…適量
起司粉…適量

TIPS

作法 5 整形時,很容易在麵糰扭轉之後,又會轉回來。建議靜置約 5 分鐘,再將麵糰扭轉一次,就會比較容易固定。

作法:

1. 所有麵糰材料放入麵包機,啟動【⑬快速麵包麵糰】模式(包含揉麵＋一次發酵60分鐘)。揉麵停止後(進行發酵前),將麵糰拿出來攤開,放入培根碎與菠菜 **1**。

2. 取出麵糰,切割成8等份 **2**,堆疊起來 **3** 再分割,直到餡料分布均勻為止。

3. 將麵糰放回麵包機 **4**,走完後面的行程。

4. 一次發酵好之後,取出麵糰,分割成2等份 **5**,排氣滾圓,休息10分鐘。

5. 取其中一個麵糰,擀成長方形15×20cm,分割成6個長條,左右扭轉 **6**,再放到烤盤上 **7**。

6. 置於35℃左右室溫,發酵20～30分鐘。

7. 烤箱預熱230℃,此時將麵糰表面噴上少量的酪梨油 **8**,撒上起司粉 **9**。

8. 入烤箱烘烤約17分鐘,即完成。因為麵包比較多,需一次烘烤兩層,烘烤約12分鐘時,上下烤盤對調、前後轉向。(一般烤箱建議一次只烘烤一盤。)

麥香蔓越莓麵包

添加全麥麵粉之後，讓麥香更加濃郁。外表看起來十分健康，蔓越莓與核桃的養生組合，讓這款麵包越嚼越香喔！

麵糰材料：

高筋麵粉…360g

全麥麵粉…40g

冰水…265g

砂糖…20g

酵母…4g

鹽巴…6g

奶油…12g

投料：

核桃…60g
（核桃先入烤箱以120℃
烘烤5分鐘，烤出香氣。）

內餡：

蔓越莓…60g

入烤箱前：

麵粉…適量

作法：

1. 所有麵糰材料放入麵包機，啟動【⑬快速麵包麵糰】模式，設定投料。因為料太多，請在提示音響後，自行投入核桃 。揉麵完成後，約30分鐘取出來翻面，將麵糰攤開，折三折成長方形，轉90度再折三折，再放回麵包機，直到發酵完成。

2. 取出麵糰，分割成兩等份 ，排氣滾圓，休息15分鐘。

3. 輕拍麵糰，翻面之後整成三角形 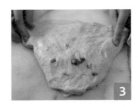。一個麵糰則包入30g的蔓越莓 ，再捲起來 。

4. 之後放到烘焙紙上，用發酵布隔開 ，置於35℃左右室溫，發酵50分鐘。

5. 水波爐預熱190℃，設定三顆蒸氣，此時將麵糰表面噴水、撒粉、畫出紋路 。

6. 烘烤約20分鐘，即完成。（前5分鐘設定三顆蒸氣。）

TIPS

可依照個人喜好決定是否要包入蔓越莓。

黑芝麻軟法

黑芝麻軟法不需要用吐司模烘烤,將麵包斜切就會有比較大片的面積,可以包入各式各樣的配料,每一口都能吃到黑芝麻的香氣和營養。

麵糰材料:

高筋麵粉…300g

冰水…190g

砂糖…12g

酵母…3g

鹽巴…5g

奶油…12g

投料:

黑芝麻…20g

作法：

1. 所有麵糰材料放入麵包機，啟動【⑬快速麵包麵糰】模式，設定投料。投料提示音響後，自行投入黑芝麻。

2. 取出麵糰，分割成4等份，排氣滾圓，休息15分鐘。

3. 擀成長方形之後 **1**，捲起來 **2**，置於35℃室溫，發酵50分鐘 **3**。

4. 烤箱預熱200℃，入烤箱前，麵包噴水、撒粉、畫出紋路 **4**。

5. 入烤箱烘烤15分鐘，即完成。（前5分鐘設定三顆蒸氣。）

   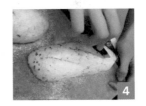

TIPS

用烘焙紙包起來，就是可以隨身攜帶又適合野餐的三明治。

黑糖葡萄乾麵包

黑糖香氣與葡萄乾甜味十分對味,加上核桃讓麵包的口感更加豐富。無論是直接切片吃,或是回烤之後再享用,都非常完美。

麵糰材料:	投料:	入烤箱前:
高筋麵粉…500g	葡萄乾…80g(先瀝過水)	麵粉…適量
冰水…335g		
黑糖…30g		
酵母…5g		
鹽巴…8g		
奶油…10g	核桃…40g(120℃烘烤5〜6分鐘)	

作法：

1. 所有麵糰材料放入麵包機，啟動【⑬快速麵包麵糰】模式，設定投料。因為料太多，提示音響後，自行投入（不要放在投料盒）。揉麵完成後，約30分鐘取出來翻面，將麵糰攤開，折三折成長方形，轉90度再折三折，再放回麵包機，直到發酵完成 **1**。

2. 取出麵糰，分割成2等份，排氣滾圓，休息15分鐘。

3. 取其中一個麵糰，拍平，翻過來捲起來，底部收好 **2 3**。

4. 將麵糰放在烘焙紙上，再放到發酵布上隔開，置於35℃左右室溫，發酵50分鐘 **4**。

5. 烤箱預熱200℃，此時將麵糰表面上噴水、撒粉與畫出紋路，一條線或兩條線都可以 **5 6**。

6. 放上層烘烤約20分鐘，即完成。（前5分鐘設定三顆蒸氣。）

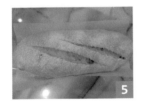 

蜂蜜南瓜大麵包

用南瓜做出來的麵包,麵糰顯色真的飽和又漂亮。不喜歡南瓜的小樂,竟吃不出來這款加了大量的南瓜,是不是很厲害呢?

麵糰材料:

高筋麵粉…300g

冰水…40g

蜂蜜…15g

南瓜…200g(使用台灣南瓜,蒸熟後瀝乾水分)

酵母…3g

鹽巴…4.5g

奶油…7g

入烤箱前:

鮮奶…適量

南瓜籽…適量

作法：

1. 啟動【⑬快速麵包麵糰】模式，約30分鐘時取出來翻面，先將麵糰攤平，折三折 **1** **2**，變成長方形之後，再折三折 **3**。再放回麵包機 **4** 直到發酵完成。

2. 取出麵糰，分割成一大一小共2份，排氣滾圓 **5**，休息15分鐘。

3. 將小麵糰再度滾圓，底部收好。大麵糰拍平，蓋在小麵糰上方 **6**，包起來並將底部收好 **7**。

4. 置於35℃左右室溫，發酵50分鐘 **8**。

5. 烤箱預熱190℃，此時將麵糰表面塗上鮮奶，放上南瓜籽 **9**。

6. 入烤箱烘烤約20分鐘，前5分鐘設定三顆蒸氣，就完成囉！

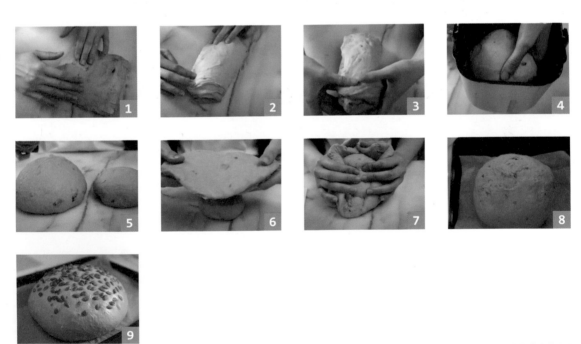

TIPS

切片之後，不論是單吃或搭配火腿、雞蛋，都很適合。

橄欖油佐餐麵包

這款麵包材料非常單純，沒有使用奶油，而是以橄欖油取代油脂。這款麵包無敵百搭，很適合作為西餐的餐前開胃小點。

麵糰材料：

高筋麵粉…500g

冰水…330g

砂糖…25g

酵母…5g

鹽巴…8g

橄欖油…25g

入烤箱前：

麵粉…適量

作法：

1. 所有麵糰材料放入麵包機，啟動【⑬快速麵包麵糰】模式（包含揉麵＋一次發酵60分鐘）。 **1**

2. 分割成2等份，滾圓休息10分鐘 **2** 。

3. 擀成長方形捲起來 **3** **4** ，收口捏緊 **5** 。

4. 置於35℃室溫，最後發酵60分鐘；烤箱預熱190℃。

5. 麵糰表面撒粉，畫出2道紋路 **6** ，入烤箱烘烤約18 ～ 20分鐘，即完成。（前5分鐘設定三顆蒸氣。）

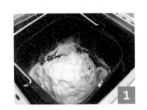

TIPS

非常適合切片享用，可一次製作大量，切片後冷凍保存。

三種口味麵包捲

這款麵包二次發酵時間比較短，又可以變化出多種口味，獻給只有晚上有時間做麵包的職業婦女。如果想在二次發酵之後冷凍，隔天直接烘烤作為晨烤麵包也沒問題！

麵糰材料：

高筋麵粉…500g
水…325g
砂糖…25g
酵母…5g
鹽巴…5g
奶油…20g

奶油乳酪內餡：

蔓越莓乾…20g
核桃…10g
奶油乳酪…適量

Pizza 配料：

蕃茄糊…適量
乳酪絲…適量

大蒜橄欖油：

大蒜泥…8g
橄欖油…15g
鹽巴…1.5g

作法：

1. 所有麵糰材料放入麵包機，啟動【⑬快速麵包麵糰】模式（包含揉麵＋一次發酵60分鐘）。

2. 取出麵糰，分割成3等份 1，排氣滾圓，休息15 ～ 20分鐘。

3. 取一個麵糰，擀成約25×35cm 的長方形 2，塗上適量的內餡，奶油乳酪、Pizza 或大蒜橄欖油 3 4 5。

4. 對折之後 6，切割成8等份 7。取其中一個麵糰，左右扭轉 8，稍微定型之後，再放上烤盤。

5. 置於35 ～ 40℃左右室溫，發酵30 ～ 40分鐘。

6. 水波爐預熱210℃，共烘烤約11 ～ 12分鐘。

7. 冷凍麵糰建議以220℃烘烤，約13 ～ 14分鐘，三天內烤完。

 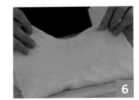  

CHAPTER 8

中式麵點系列

麵包機也能輕鬆完成中式麵食，偶爾不想
吃麵包，那就試試饅頭、蛋黃酥等傳統美
食吧！看似很複雜又需要花工夫，但其實
並沒有想像中那麼困難。

四種口味饅頭

中式饅頭是台灣人最愛早餐之一，孩子們都想一口氣吃到多種口味，試試一次變出四種口味，滿足全家人的願望。

麵糰材料：
中筋麵粉…400g
鮮奶…230g
砂糖…20g
酵母…4g

可可膏：
可可粉…5g
水…5g

蔥花餡料：
蔥花…30g
油…5g
鹽巴…適量
白胡椒粉…適量

其他：
起司片…3片

作法：

1. 所有麵糰材料放入麵包機中，啟動【㉑揉麵糰】模式。

2. 揉麵進行10分鐘之後，取出麵糰，分割出1/6 **1** 約110g的麵糰，準備染成可可色 **2**。其他大麵糰放回麵包機，讓行程走完。

3. 將可可粉加水攪拌成膏狀，放到小麵糰上，用洗衣服的方式以手揉到顏色均勻 **2**，排氣滾圓，休息5分鐘。

4. 大麵糰已經完成，排氣滾圓，休息5分鐘，切割出另外110g麵糰作為原味麵糰。

5. 大麵糰擀成25×30cm之後，折三折，再擀成25×30cm，切割成3等份 **3**。
   ❶ 其中一等份，直接捲起來，分割成4等份 **4**。
   ❷ 第二等份，鋪上起司捲起來，分割成4等份 **5**。
   ❸ 第三等份，鋪上蔥花餡料捲起來，分割成4等份 **6**。

6. 原味及可可兩個小麵糰，擀成約15×20cm長方形，疊起來之後捲起 **7**，分割成6等份。

7. 將所有饅頭放在饅頭紙上，置於35℃室溫發酵20～30分鐘，至原本1.5倍大。

8. 使用蒸籠可以冷水開始加熱，開中火蒸約6分鐘之後，轉中小火再蒸6分鐘。如果鍋蓋本身有孔洞，就不需架筷子在鍋蓋旁邊。開蓋時，請留一點小縫，讓蒸氣慢慢散出後，再開蓋。

9. 使用水波爐可選擇功能⑨，蒸煮「強」。水波爐會自動偵測加熱時間（總長約17分鐘）。完成之後，慢慢打開水波爐，讓蒸氣散出。

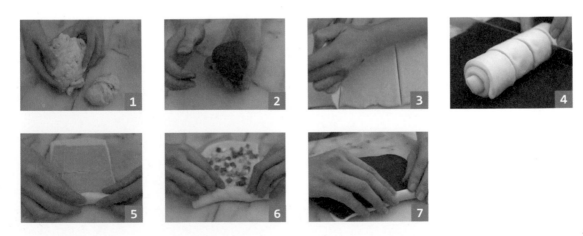

兩種口味養生饅頭

我自己很喜歡吃養生饅頭，很常直接在外購買。直到某天想要解鎖這兩種饅頭，做了之後才發現不難。

黑糖麵糰材料：

中筋麵粉…400g
鮮奶…220g
黑糖…40g
酵母…4g

投料 1：

黑糖桂圓饅頭
桂圓…30g
核桃…15g（烘焙過）

投料 2：

黑糖五穀饅頭
黑芝麻…18g
葡萄乾…15g
南瓜子…15g（烘焙過）
枸杞…適量

TIPS

這款饅頭麵糰偏硬偏乾，揉麵或整形時需要多用點力氣。

作法：

1. 所有麵糰材料放入麵包機中，啟動【㉑揉麵糰】模式。

2. 趁揉麵的時候，將桂圓剪成小塊 **1**，核桃剝成小塊 **2**。

3. 揉麵完之後，將麵糰分割成2等份。

4. 其中一等份切成小塊 **3**，與投料1材料放入麵包機 **4**，重啟【㉑揉麵糰】約5分鐘，直到材料分布均勻。如果還是沒辦法均勻，可取出來用手拌勻 **5**。

5. 另一份黑糖麵糰，將它擀平之後，放入投料2 **6**，用手揉均勻 **7**。

6. 麵糰休息5～10分鐘，分別分割成5等份 **8**。搓成圓形，將所有饅頭放在饅頭紙上 **9**，置於35℃室溫發酵30～50分鐘，至原本1.5倍大。

7. 使用蒸籠可以冷水開始加熱，開中火蒸約6分鐘之後，轉中小火再蒸10～12分鐘。如果鍋蓋本身有孔洞，就不需架筷子在鍋蓋旁邊。開蓋時，請留一點小縫 **10**，讓蒸氣慢慢散出之後，再開蓋。

8. 水波爐可以選擇功能⑰，蒸煮約20分鐘。完成之後，慢慢打開水波爐 **11**，讓蒸氣漸漸散出。

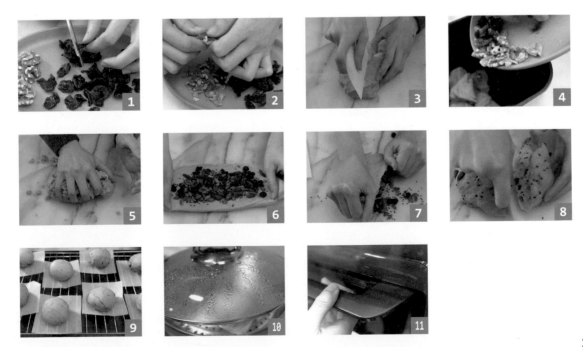

麥香饅頭

濃濃麥香風味的饅頭，不需要包料原味也很棒。簡單整形的饅頭，吃起來口感 Q 彈扎實，推薦給喜歡健康養生的朋友。

麵糰材料：

中筋麵粉…120g

全麥麵粉…80g

鮮奶…115g

砂糖…15g

酵母…2g

> **TIPS**
>
> 如果想吃更濃的麥香味，可以將全麥比例增加，但我建議最多全麥與中筋麵粉 1:1 就好，更多的全麥做出來的饅頭，會不是那麼好入口。

作法：

1. 所有麵糰材料放入麵包機，啟動【㉑揉麵糰】模式 **1**。

2. 取出麵糰，休息5 ～ 10分鐘，分割成4等份。

3. 將麵糰拍平，麵糰由四周往中間折 **2**，並且用力壓。底部黏緊 **3**，再搓成圓形 **4**。

4. 將所有饅頭放在饅頭紙或烘焙紙上 **5**，置於室溫發酵30 ～ 50分鐘，至原本1.5倍大。

5. 使用蒸籠可以冷水開始加熱，開中火蒸約6分鐘之後，轉中小火再蒸10 ～ 12分鐘。如果鍋蓋本身有孔洞，就不需架筷子在鍋蓋旁邊。開蓋時，請留一點小縫，讓蒸氣慢慢散出之後，再開蓋。

6. 水波爐可以選擇功能⑰，蒸煮約20分鐘。完成之後，慢慢打開水波爐，讓蒸氣漸漸散出。

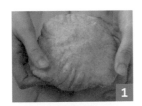

手切麵條

建議大家有機會也可試試看自己做麵條，感受一下新鮮現做的麵條是什麼口感，原來是如此有彈性及保有水潤感。

麵糰材料：

中筋麵粉…200g
水…100g
鹽巴…1g

作法：

1. 所有材料放入麵包機中，啟動【㉑揉麵糰】模式。

2. 行程走完之後，放在麵包機裡醒30分鐘。

3. 將麵糰取出，分割成2等份 ，排氣滾圓，休息10分鐘。

4. 將麵糰擀成15×25cm的長方形 **2**，手粉盡量要多一點 **3**，麵糰對折，切成適當的粗細 **4**。

5. 將每個麵條打開，撒上更多手粉 **5**，拉長一點 **6**，就完成囉！

> **TIPS**
>
> 做麵條的時候，一定要小心不要讓麵糰沾黏，每一個步驟都要沾上足夠的手粉。

中式水餃皮

有姐妹聚會的時候，非常適合一起包水餃，聊著聊著、包著包著，不知不覺就包完一堆水餃。一部分的水餃皮自己手工製作，將增添更多樂趣喔！

麵糰材料：

中筋麵粉…200g

水…100g

鹽巴…1g

TIPS

水餃皮的張數，將視水餃皮的厚度，與直徑大小而有不同。這份食譜大約可作25～30張水餃皮。

作法：

1. 所有材料放入麵包機，啟動【㉑揉麵糰】模式。

2. 行程走完之後，在麵包機裡面醒30分鐘。

3. 將麵糰取出，分成2等份 ，排氣滾圓，休息10分鐘。

4. 撒上適量手粉之後 ，將麵糰擀成10× 45cm長方形 。

5. 若桌面不夠長，可以從麵糰的中間切開 ，取其中一個麵糰，再擀成適當的大小。

6. 用圓形模具壓出一張張水餃皮 ，即完成。

牛肉捲餅

牛肉捲餅是北方麵館的招牌菜,金黃酥脆的外皮,搭配鹹香入味的牛腱、爽口的蔬菜,還有濃郁的醬汁,在家也能有餐廳級的美味。

麵糰材料:

中筋麵粉…280g
水…190g
鹽巴…2.8g

餡料:

大蔥…適量
鹽巴…適量
橄欖油…適量

TIPS

剩餘用不完的麵糰,可以在擀平之後,用保鮮膜隔開,放入冷凍庫保存。想吃的時候,取出加熱煎熟即可。

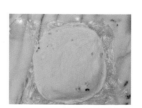

作法：▶

1. 所有麵糰材料放入麵包機，啟動【⑰中式半燙麵糰】，機器會自動加熱到適合的溫度後再攪拌。

2. 揉麵之後，在機器裡至少醒30分鐘 **1**，等到麵糰光滑，手抹油將麵糰取出來。

3. 將麵糰分割成4等份 **2**，擀成圓形 **3**，抹上油、撒上適量鹽巴與蔥花 **4**。桌面也要抹點油，會比較好整形。

4. 麵糰捲起來 **5**，再繞成蝸牛狀 **6**，休息10分鐘。

5. 擀平成適當大小 **7**，就可以下鍋煎 **8**，只需煎至麵糰微膨，金黃上色即可。

6. 餅皮塗上適量的甜麵醬，放上牛腱肉切片與大蔥 **9**，捲起來就完成囉！

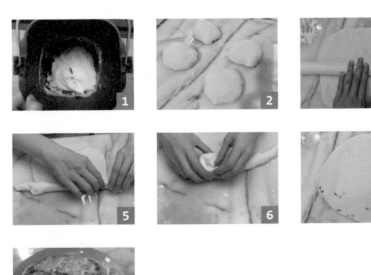

香煎蔥餅

這款麵點是我孩提記憶中難忘的滋味，一個簡單的小攤子，一支大大圓圓的平底鍋，用少許油煎著蔥餅，遠遠就能聞到香氣。

麵糰材料：

高筋麵粉…270g　沙拉油…15g

低筋麵粉…30g　鹽巴…3g

老麵…60g
（參考 P.190）

水…180g

砂糖…15g

酵母…3g

其他：

白芝麻…適量

餡料：

蔥花…60g

砂糖…2g

鹽巴…2～3g

沙拉油…12g

白胡椒粉…適量

作法：

將所有材料攪拌均勻，靜置30分鐘。

作法：

1. 所有麵糰材料放入麵包機中，啟動【⑬快速麵包麵糰】模式（包含揉麵＋一次發酵60分鐘）。

2. 取出麵糰，排氣滾圓，休息10分鐘 **1** 。

3. 擀成約30×25cm 大小 **2** ，一半鋪上蔥花餡料，對折 **3** 。

4. 將蔥餅撒上白芝麻，切成6等份 **4** 不需要二次發酵。

5. 平底鍋加熱，抹上適量的油，用中小火慢煎 **5** ，每面約2～3分鐘就翻面一次，總共約8分鐘，即完成。

TIPS

也可使用小 V 鬆餅機的帕里尼烤盤加熱 **6** ，約 4～5 分鐘就完成了 **7** 。

中式 3Q 餅

這道是我自己很喜歡的中秋月餅口味,有甜有鹹,會不知不覺的一口接著一口。作法稍微繁複一點,但完成之後會非常有成就感。

麻糬材料:
糯米粉…60g
水…90g
砂糖…10g

油皮材料:
中筋麵粉…150g
糖粉…20g
奶油…50g
水…70g

油酥材料:
低筋麵粉…90g
奶油…45g

餡料:
麻糬…110g(每個約10g)
紅豆餡…275g(每個約25g)
肉鬆…適量

TIPS

內餡的紅豆泥也可以換成芋泥。

麻糬作法：

1. 將全部材料攪拌均勻，備用。

2. 平底鍋預熱後，倒入一點點油，倒入剛剛拌勻的米漿 **1**。

3. 底部凝固之後，適量翻攪到麻糬煮熟 **2**。

4. 煮熟的麻糬呈現米白色，放到沾有少許油的盤子上，蓋上沾了少許油的保鮮膜，備用。

油皮作法：

1. 所有材料放入麵包機中，啟動【㉑揉麵糰】**3** 模式，大約10分鐘之後取出麵糰 **4**，蓋上濕布靜置20 ～ 30分鐘。

2. 取出麵糰，分割成11等份。

油酥作法：

1. 將全部材料混合均勻後 **5**，搓成長條狀 **6**，並分割成11等份，然後排氣滾圓（一個約 12g）**7**。

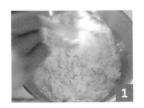
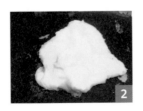
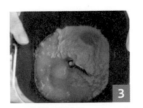

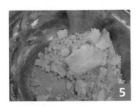

1. 建議先取適量肉鬆包入麻糬內 8，再用紅豆餡包起來 9。如果肉鬆跟紅豆包一起，會讓紅豆散開無法成糰，所以建議用麻糬先包肉鬆會比較好包。

1. **製作餅皮：**取一個油皮，包入一個油酥 10 11，接著擀成長方形 12，捲起來 13，休息5～10分鐘。

2. 再擀成長方形 14 再度捲起 15，休息5～10分鐘。

3. 將餅皮壓扁，擀得面積稍微大一點，包入紅豆餡 16。

4. 稍微壓平 17，沾上適量的白芝麻 18，即完成 19。

5. 烤箱預熱190℃，入烤箱烘烤10分鐘，轉低溫170℃，再烤15～20分鐘。待邊緣烤至酥脆就完成囉！

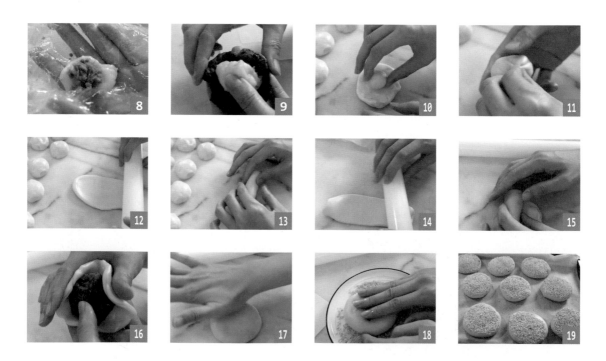

DECORATIVECRA
Painted Ceramics 134
Lampshades 144
Papier Mache 152
Flotsam and Jetsam 160
Bookbinding 170
Painted Furniture 178

蛋黃酥

中秋節必備的月餅，油皮的部分可以交給麵包機，省去揉麵糰的辛苦，這樣就有心力做給更多親朋好友一起享用了！

油皮材料：

中筋麵粉…82g
糖粉…12g
無水奶油…27g
水…38g

油酥材料：

低筋麵粉…72g
無水奶油…36g

作法：

全部材料混合均勻之後，分割成8等份。

餡料：

豆沙餡…160g
鹹蛋黃…8顆

其他：

蛋黃液…適量
黑芝麻…適量

TIPS

豆沙餡可以依照個人喜好更換成烏豆沙、紅豆沙或棗泥餡。

油皮作法：

1. 所有麵糰材料放入麵包機中，啟動【㉑揉麵糰】模式，約10分鐘 **1**。蓋上濕布，靜置20 ～ 30分鐘。

2. 取出麵糰，分割成8等份，靜置10分鐘。

餡料作法：

1. 將蛋黃放入烤箱，設定150℃烘烤5 ～ 8分鐘，並且用適量米酒去腥，放涼備用。

2. 豆沙分成8等份，每個20g，搓圓再度壓扁之後，包入鹹蛋黃 **2**。

作法：

1. 取一個油皮，包入一個油酥 **3**，擀成長方形 **4**，折三折 **5**，轉90°之後 **6**，再度擀長 **7** 折三折 **8**，休息5 ～ 10分鐘。

2. 將皮的面積稍微擀大一點，包入豆沙與鹹蛋黃 **9**。

3. 稍微搓圓，靜置10分鐘；同時將烤箱預熱190℃。

4. 趁空擋將蛋黃酥表面刷上一層蛋黃液 **10**，沾上適量黑芝麻 **11**。

5. 入烤箱烘烤約25分鐘，烤至底部也有上色，即完成。

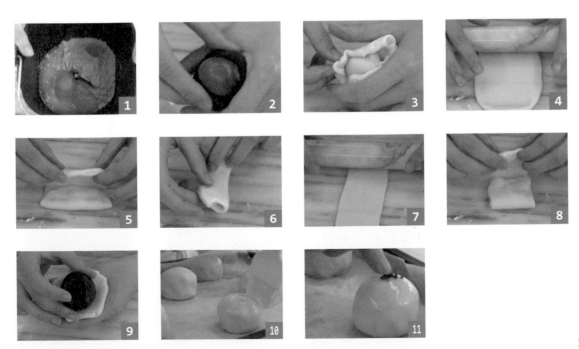

COLUMN

麵包機的其他功能

麵包機做果醬

用麵包機做果醬，真的超級方便，只需要簡單的投料，完全不用辛苦顧爐子，時間一到，直接開蓋倒出來就完成了。

作法：

1. 草莓與砂糖放到麵包機裡面 **1**，靜置約 30 ～ 60 分鐘。

2. 放入檸檬汁，設定【㉘果醬】，80 分鐘之後就完成了 **2**。

材料：

草莓⋯200g

砂糖⋯100g

檸檬汁⋯少許

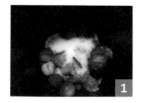
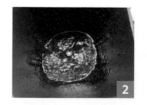
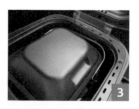

TIPS

製作果醬時，建議將上蓋蓋起來 **3**，以防果醬噴濺出來。

麵包機做麻糬

麵包機有個可以一邊加熱，一邊攪拌的功能，非常適合做麻糬。這個配方做出來的麻糬入口即化，沾點花生粉一起吃，就很幸福！

材料：

糯米粉…120g

水…180g

砂糖…15g

油…5g

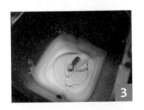

TIPS

- 這個食譜配方可以用來製作3Q餅內餡，參考 P. 228。
- 是【㉘果醬】模式沒錯，不是誤植喔！

作法：

1. 將所有材料在量杯裡面攪拌均勻 1，倒入麵包機中 2。

2. 啟動【㉘果醬】模式，約10分鐘後，按下暫停鍵 3，用攪拌棒將四周的麻糬往內推 4。

3. 按下繼續，再度計時10分鐘，確定麻糬顏色都成為米白色，就代表熟了，可提前取消。

4. 保鮮盒抹上適量的油，放入麻糬等到冷卻 5。

5. 塑膠袋沾上適量的油，抓一小部分麻糬，沾上滿滿的花生粉，就完成囉！

SHARP

HEALSiO

用水的力量
讓每天更美味

「水のチカラで」、每日をもっとおいしく。

業界唯一

夏普水波爐
水波烹飪 全程0微波

31L
2層料理

AX-XS5T(R)(W)

烘焙家就愛這台

過熱水蒸氣用量自己控制
廚藝更進階(適用於手動烹調)

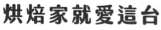
蒸氣發酵
節省時間 速度快

可頌/菠蘿

吐司/紅豆麵包

泡芙/五穀麵包

法國麵包/長棍麵包

無蒸氣　有蒸氣

辣媽 *Shania* 的麵包機聖經

100 款精選麵包，生吐司、小布利、奶油手撕包，美味健康無添加！

作　　者 I 辣媽 Shania
發 行 人 I 林隆奮 Frank Lin
社　　長 I 蘇國林 Green Su

出版團隊
總 編 輯 I 葉怡慧 Carol Yeh
主　　編 I 鄭世佳 Josephine Cheng
企劃編輯 I 楊玲宜 ErinYang
責任行銷 I 鄧雅云 Elsa Deng
裝幀設計 I 謝佳穎 Rain Xie
版面構成 I 黃靖芳 Jing Huang
封面攝影 I 吳宇童 Muse Cat
造　　型 I 吳欣融 Cheryl Wu

行銷統籌
業務處長 I 吳宗庭 Tim Wu
業務主任 I 蘇倍生 Benson Su
業務專員 I 鍾依娟 Irina Chung
業務秘書 I 陳曉琪 Angel Chen
　　　　　莊皓雯 Gia Chuang
行銷主任 I 朱韻淑 Vina Ju
發行公司 I 精誠資訊股份有限公司　悅知文化
　　　　　105台北市松山區復興北路99號12樓
訂購專線 I (02) 2719-8811
訂購傳真 I (02) 2719-7980
專屬網址 I http://www.delightpress.com.tw
悅知客服 I cs@delightpress.com.tw
ISBN：978-986-510-223-4
建議售價 I 新台幣420元
初版一刷 I 2022年06月
初版六刷 I 2024年05月

國家圖書館出版品預行編目資料

辣媽Shania的麵包機聖經：100款精選麵包,生吐
司、小布利、奶油手撕包,美味健康無添加！/ 辣媽
Shania著. -- 初版. -- 臺北市：精誠資訊, 2022.06
　　面；　公分
ISBN 978-986-510-223-4 (平裝)
1.CST: 點心食譜 2.CST: 麵包

427.16　　　　　　　　　　　　111008273

建議分類 I 生活風格・烹飪食譜

dp 悅知文化
Delight Press

烘焙最怕的，
不是做不好，
而是你不敢去做。

──────《辣媽Shania的麵包機聖經》

請拿出手機掃描以下QRcode或輸入
以下網址，即可連結讀者問卷。
關於這本書的任何閱讀心得或建議，
歡迎與我們分享 ☺

https://bit.ly/3ioQ55B